Versión del estudiante

Eureka Math
3.er grado
Módulos 1 y 2

Un agradecimiento especial al Gordon A. Cain Center y al Departamento de Matemáticas de la Universidad Estatal de Luisiana por su apoyo en el desarrollo de *Eureka Math*.

> Para obtener un paquete gratis de recursos de Eureka Math para maestros, Consejos para padres y más, por favor visite www.Eureka.tools

Publicado por la organización sin fines de lucro Great Minds®.

Copyright © 2017 Great Minds®.

Impreso en EE. UU.

Este libro puede comprarse directamente en la editorial en eureka-math.org

10 9 8 7 6 5 4

ISBN 978-1-68386-208-6

Nombre _____ Fecha _____

1. Rellena los espacios en blanco para hacer enunciados verdaderos.

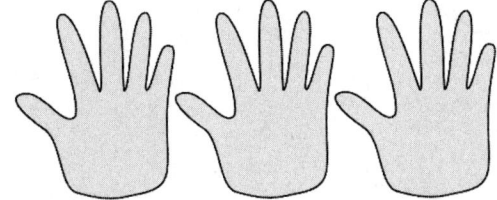

a. 3 grupos de cinco = _____

   3 cincos = _____

   3 × 5 = _____

b. 3 + 3 + 3 + 3 + 3 = _____

   5 grupos de tres = _____

   5 × 3 = _____

c. 6 + 6 + 6 + 6 = _____

   _____ grupos de seis = _____

   4 × _____ = _____

  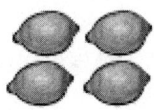   

d. 4 + ___ + ___ + ___ + ___ + ___ = _____

   6 grupos de _____ = _____

   6 × _____ = _____

2. La siguiente imagen muestra 2 grupos de manzanas. ¿Muestra la imagen 2 × 3? Explica por qué sí o por qué no.

3. Haz un dibujo para mostrar 2 × 3 = 6.

4. Caroline, Brian, y Marta comparten una caja de chocolates. Cada uno recibe la misma cantidad. Encierra en un círculo los siguientes chocolates para mostrar 3 grupos de 4. Luego, escribe un enunciado de suma repetida y un enunciado de multiplicación para representar la imagen.

Nombre _____ Fecha _____

1. Rellena los espacios en blanco para hacer enunciados verdaderos.

a. 4 grupos de cinco = _____

   4 cincos = _____

   4 × 5 = _____

b. 5 grupos de cuatro = _____

   5 cuatros = _____

   5 × 4 = _____

c. 6 + 6 + 6 = _____

   _____ grupos de seis = _____

   3 × _____ = _____

d. 3 + ___ + ___ + ___ + ___ + ___ = ___

   6 grupos de _____ = _____

   6 × _____ = _____

Lección 1: Comprender *grupos iguales de* como multiplicación.

2. La siguiente imagen muestra 3 grupos de perros calientes. ¿Muestra la imagen 3 × 3? Explica por qué sí o por qué no.

3. Haz un dibujo para mostrar 4 × 2 = 8.

4. Encierra en un círculo los lápices para mostrar 3 grupos de 6. Escribe un enunciado de multiplicación y una suma repetida para representar la imagen.

UNA HISTORIA DE UNIDADES

Lección 2: Grupo de problemas 3•1

Nombre _____ Fecha _____

Usa las matrices a continuación para responder cada conjunto de preguntas.

1. a. ¿Cuántas filas de carros hay? _____

   b. ¿Cuántos carros hay en cada fila? _____

2. a. ¿Cuántas filas hay? _____

   b. ¿Cuántos objetos hay en cada fila? _____

3. a. Hay 4 cucharas en cada fila. ¿Cuántas cucharas hay en 2 filas? _____

   b. Escribe una expresión de multiplicación que describa tu matriz.

4. a. Hay 5 filas de triángulos. ¿Cuántos triángulos hay en cada fila? _____

   b. Escribe una expresión de multiplicación que describa la cantidad total de triángulos. _____

Lección 2:   Relacionar la multiplicación con el modelo de matriz.

5. Los puntos a continuación muestran 2 grupos de 5.

   a. Vuelve a dibujar los puntos como una matriz que muestre 2 filas de 5.

   b. Compara el dibujo con tu matriz. Escribe al menos 1 razón de por qué son iguales y 1 razón de por qué son diferentes.

6. Emma colecciona rocas. Las arregla en 4 filas de 3. Dibuja la matriz de Emma para mostrar cuántas rocas tiene en total. Luego, escribe una ecuación de multiplicación que describa la matriz.

7. Joshua organiza latas de comida en una matriz. Piensa, "¡Mis latas muestran 5×3!" Dibuja la matriz de Joshua para calcular la cantidad total de latas que organizó.

UNA HISTORIA DE UNIDADES

Lección 2: Tarea 3•1

Nombre _____ Fecha _____

Usa las matrices a continuación para responder cada conjunto de preguntas.

1.    a. ¿Cuántas filas de borradores hay? _____

   b. ¿Cuántos borradores hay en cada fila? _____

2.    a. ¿Cuántas filas hay? _____

   b. ¿Cuántos objetos hay en cada fila? _____

3. 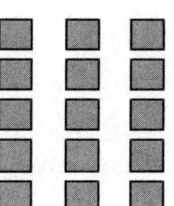   a. Hay 3 cuadrados en cada fila. ¿Cuántos cuadrados hay en 5 filas? _____

   b. Escribe una expresión de multiplicación que describa la matriz. _____

4.    a. Hay 6 filas de estrellas. ¿Cuántas estrellas hay en cada fila? _____

   b. Escribe una expresión de multiplicación que describa la matriz. _____

Lección 2:   Relacionar la multiplicación con el modelo de matriz.

5. Los triángulos a continuación muestran 3 grupos de cuatro.

   a. Vuelve a dibujar los triángulos como una matriz que muestre 3 filas de cuatro.

   b. Compara el dibujo con tu matriz. ¿En qué son iguales? ¿En qué son diferentes?

6. Roger tiene una colección de sellos. Arregla los sellos en 5 filas de cuatro. Dibuja una matriz que represente los sellos de Roger. Luego, escribe una ecuación de multiplicación que describa la matriz.

7. Kimberly arregla sus 18 marcadores como una matriz. Dibuja una matriz que podría hacer Kimberly. Luego, escribe una ecuación de multiplicación que describa tu matriz.

UNA HISTORIA DE UNIDADES — Lección 2: Plantilla 3•1

matriz de tres

Lección 2: Relacionar la multiplicación con el modelo de matriz.

Esta página se dejó en blanco intencionalmente

Nombre _____ Fecha _____

Resuelve los problemas del 1 al 4 usando las imágenes proporcionadas para cada problema.

1. Hay 5 flores en cada ramo. ¿Cuántas flores hay en 4 ramos?

   a. Total de grupos _____   Tamaño de cada grupo: _____

   b. 4 × 5 = _____

   c. Hay _____ flores en total.

2. Hay _____ dulces en cada caja. ¿Cuántos dulces hay en 6 cajas?

   a. Total de grupos _____   Tamaño de cada grupo: _____

   b. 6 × _____ = _____

   c. Hay _____ dulces en total.

3. Hay 4 naranjas en cada fila. ¿Cuántas naranjas hay en _____ filas?

   a. Total de filas _____   Tamaño de cada fila: _____

   b. _____ × 4 = _____

   c. Hay _____ naranjas en total.

Lección 3: Interpretar el significado de los factores, el tamaño del grupo o el número de grupos.

4. Hay _____ hogazas de pan en cada fila. ¿Cuántas hogazas de pan hay en 5 filas?

   a. Total de filas _____   Tamaño de cada fila: _____

   b. _____ × _____ = _____

   c. Hay _____ hogazas de pan en total.

5. a. Escribe una ecuación de multiplicación para la matriz que se muestra a continuación.

   X X X
   X X X
   X X X
   X X X

   b. Dibuja un vínculo numérico para la matriz, donde cada parte representa la cantidad en una fila.

6. Dibuja una matriz usando los factores 2 y 3. Después, muestra un vínculo numérico donde cada parte representa la cantidad en una fila.

UNA HISTORIA DE UNIDADES   Lección 3: Tarea   3•1

Nombre _____   Fecha _____

Resuelve los problemas del 1 al 4 usando las imágenes proporcionadas para cada problema.

1. Hay 5 piñas en cada grupo. ¿Cuántas piñas hay en 5 grupos?

   a. Total de grupos _____   Tamaño de cada grupo: _____

   b. 5 × 5 = _____

   c. Hay _____ piñas en total.

---

2. Hay _____ manzanas en cada cesta. ¿Cuántas manzanas hay en 6 cestas?

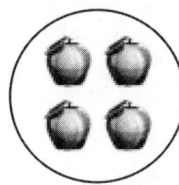     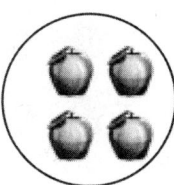

   a. Total de grupos _____   Tamaño de cada grupo: _____

   b. 6 × _____ = _____

   c. Hay _____ manzanas en total.

Lección 3: Interpretar el significado de los factores, el tamaño del grupo o el número de grupos.

3. Hay 4 plátanos en cada fila. ¿Cuántos plátanos hay en _____ filas?

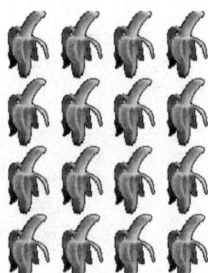

a. Total de filas _____   Tamaño de cada fila: _____

b. _____ × 4 = _____

c. Hay _____ plátanos en total.

---

4. Hay _____ pimientos en cada fila. ¿Cuántos pimientos hay en 6 filas?

a. Total de filas _____   Tamaño de cada fila: _____

b. _____ × _____ = _____

c. Hay _____ pimientos en total.

---

5. Dibuja una matriz usando los factores 4 y 2. Después, muestra un vínculo numérico donde cada parte representa la cantidad en una fila.

Nombre _____   Fecha _____

1.

Se han distribuido 14 flores en 2 grupos iguales. Hay _____ flores en cada grupo.

2.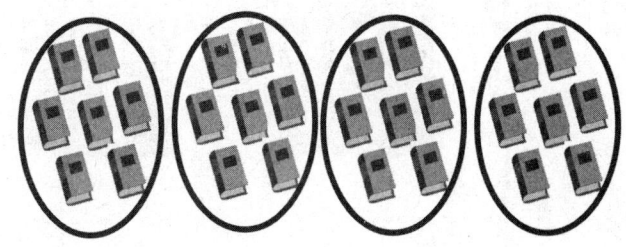

Se han distribuido 28 libros en 4 grupos iguales. Hay _____ libros en cada grupo.

3.

Se han distribuido 30 manzanas en _____ grupos iguales.

Hay _____ manzanas en cada grupo.

4.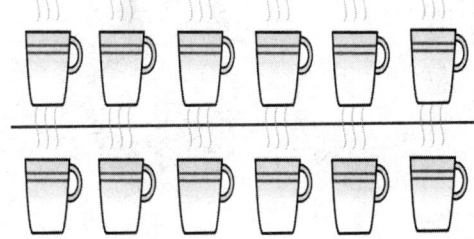

Se han distribuido _____ tazas en _____ grupos iguales.

Hay _____ tazas en cada grupo.

$12 \div 2 =$ _____

5.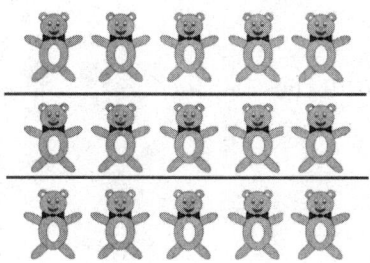

Hay _____ juguetes en cada grupo. $15 \div 3 =$ _____

6.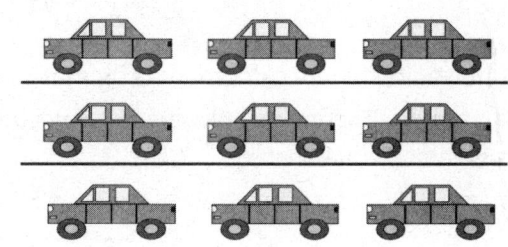

$9 \div 3 =$ _____

7. Audrina tiene 24 lápices de color. Los distribuye en 4 grupos iguales. ¿Cuántos lápices de color hay en cada grupo?

 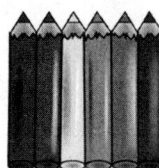 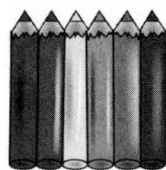 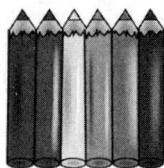

Hay _____ lápices de color en cada grupo.

$24 \div 4 =$ _____

8. Carlos recoge 20 manzanas. Las distribuye equitativamente en 5 cestas. Dibuja las manzanas de cada cesta.

Hay _____ manzanas en cada cesta.

$20 \div$ _____ $=$ _____

9. Chelsea recolecta calcomanías de mariposas. El dibujo muestra cómo las colocó en su libro. Escribe una división para mostrar cómo agrupó equitativamente sus calcomanías.

Hay _____ mariposas en cada fila.

_____ $\div$ _____ $=$ _____

Nombre _____ Fecha _____

1.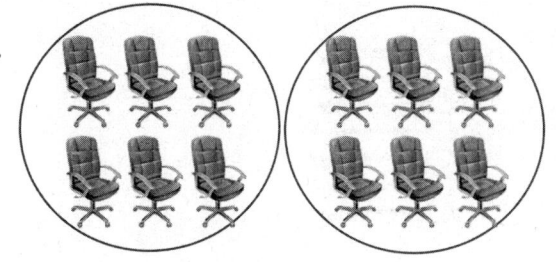

   Se han distribuido 12 sillas en 2 grupos iguales.

   Hay _____ sillas en cada grupo.

2.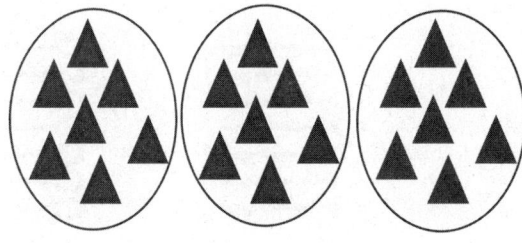

   Se han distribuido 21 triángulos en 3 grupos iguales.

   Hay _____ triángulos en cada grupo.

3.

   Se han distribuido 25 borradores en _____ grupos iguales.

   Hay _____ borradores en cada grupo.

4.

   Se han distribuido _____ pollos en _____ grupos iguales.

   Hay _____ pollos en cada grupo.

   $9 \div 3 =$ _____

5.

   Hay _____ baldes en cada grupo.

   $12 \div 4 =$ _____

6.

   $16 \div 4 =$ _____

7. Andrés tiene 21 llaves. Las distribuye en 3 grupos iguales. ¿Cuántas llaves hay en cada grupo?

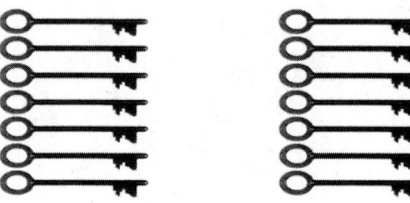

Hay _____ llaves en cada grupo.

21 ÷ 3 = _____

8. El Sr. Doyle tiene 20 lápices. Los distribuye equitativamente en 4 cestas. Dibuja los lápices en cada cuadro.

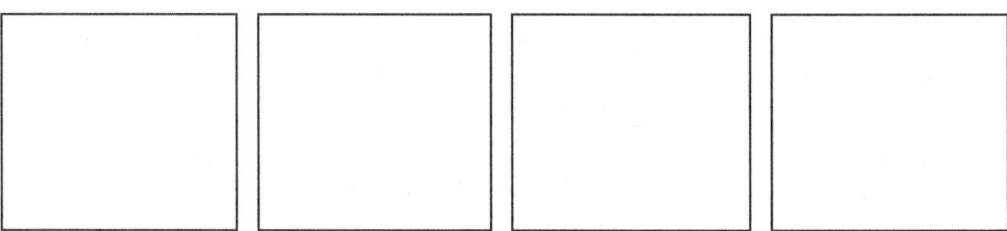

Hay _____ lápices en cada cuadro.

20 ÷ _____ = _____

9. Jenna tiene unos marcadores. El dibujo muestra cómo los colocó en su escritorio. Escribe una división para mostrar cómo agrupó equitativamente sus marcadores.

Hay _____ marcadores en cada fila.

_____ ÷ _____ = _____

Nombre _____   Fecha _____

1.

Divide 6 tomates en grupos de 3.

Hay _____ grupos de 3 tomates.

6 ÷ 3 = 2

2.

Divide 8 piruletas en grupos de 2.

Hay _____ grupos.

8 ÷ 2 = _____

3.

Divide 10 estrellas en grupos 5.

10 ÷ 5 = _____

4.

Divide las conchas para mostrar 12 ÷ 3 = _____, donde la incógnita representa el número de grupos.

¿Cuántos grupos hay? _____

5. Rachel tiene 9 galletas. Ella coloca 3 galletas en cada bolsa. Encierra en un círculo las galletas para mostrar las bolsas de Rachel.

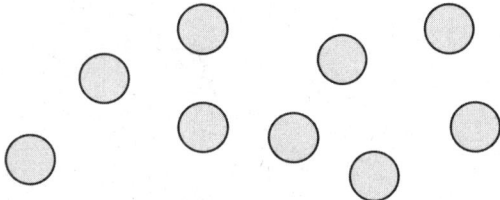

   a. Escribe un enunciado de división donde la respuesta representa el número de bolsas de Rachel.

   b. Dibuja un vínculo numérico para representar el problema.

6. Jameisha tiene 16 ruedas para hacer autos de juguete. Ella usa 4 ruedas para cada auto.

   a. Usa el conteo para encontrar el número de autos que Jameisha puede construir. Haz un dibujo que se relacione con tu conteo.

   b. Escribe un enunciado de división para representar el problema.

Nombre _____   Fecha _____

1.

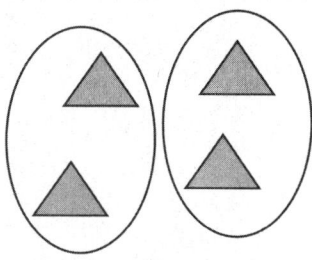

Divide 4 triángulos en grupos de 2.

Hay _____ grupos de 2 triángulos.

$4 \div 2 = 2$

2.

Divide 9 huevos en grupos de 3.

Hay _____ grupos.

$9 \div 3 = $ _____

3.

Divide 12 cubetas de pintura en grupos de 3.

$12 \div 3 = $ _____

4.

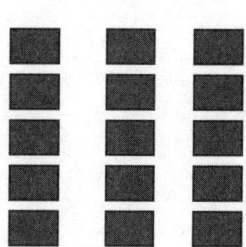

Agrupa los cuadrados para mostrar $15 \div 5 = $ ____, donde la incógnita representa el número de grupos.

¿Cuántos grupos hay? _____

5. Daniel tiene 12 manzanas. Él coloca 6 manzanas en cada bolsa. Encierra en un círculo las manzanas para encontrar el número de bolsas que Daniel hace.

a. Escribe un enunciado de división donde la respuesta representa el número de bolsas de Daniel.

b. Dibuja un vínculo numérico para representar el problema.

6. Jacob dibuja gatos. Él dibuja 4 patas en cada gato para un total de 24 patas.

a. Usa el conteo para encontrar el número de gatos que Jacob dibuja. Haz un dibujo que se relacione con tu conteo.

b. Escribe un enunciado de división para representar el problema.

Nombre _____ Fecha _____

1. Rick pone 15 pelotas de tenis dentro de latas. En cada lata entran 3 pelotas. Encierra en un círculo grupos de 3 para mostrar las pelotas en cada lata.

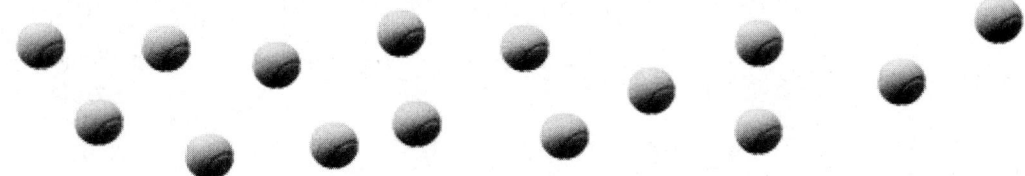

   Rick necesita _____ latas.   ____ × 3 = 15

   15 ÷ 3 = ____

2. Rick usa 15 pelotas de tenis para hacer 5 grupos iguales. Dibuja para mostrar cuántas pelotas de tenis hay en cada grupo.

   Hay _____ pelotas de tenis en cada grupo.   5 × ____ = 15

   15 ÷ 5 = ____

3. Usa una matriz para representar el Problema 1.

   a. ____ × 3 = 15   b. 5 × ____ = 15

   15 ÷ 3 = ____   15 ÷ 5 = ____

   El número en el espacio en blanco representa   El número en el espacio en blanco representa

   _____ .   _____

4. Deena prepara 21 frascos de salsa de tomate. Pone 7 frascos en cada caja para vender en el mercado. ¿Cuántas cajas necesita Deena?

   $21 \div 7 = $ ____

   ____ $\times 7 = 21$

   ¿Cuál es el significado del factor desconocido y el cociente? _____
   _____

5. El maestro da la ecuación $4 \times $ ___ $= 12$. Carlos encuentra la respuesta escribiendo y resolviendo $12 \div 4 = $ ___. Explica por qué el método de Carlos funciona.

   _____

6. El espacio en blanco en el Problema 5 representa el tamaño de los grupos. Dibuja una matriz para representar las ecuaciones.

Nombre _____ Fecha _____

1. El Sr. Hannigan pone 12 lápices en cajas. En cada caja entran 4 lápices. Encierra en un círculo grupos de 4 para mostrar los lápices en cada caja.

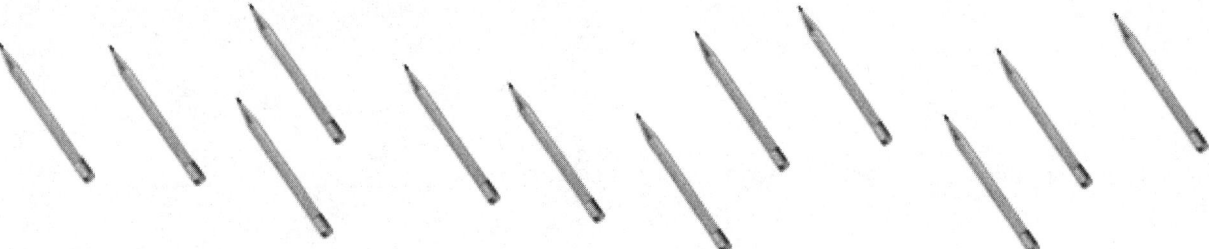

El Sr. Hannigan necesita _____ cajas.

____ × 4 = 12

12 ÷ 4 = ____

2. El Sr. Hannigan coloca 12 lápices en 3 grupos iguales. Dibuja para mostrar cuántos lápices hay en cada grupo.

Hay _____ lápices en cada grupo.

3 × ____ = 12

12 ÷ 3 = ____

3. Usa una matriz para representar el Problema 1.

   a. ____ × 4 = 12

   12 ÷ 4 = ____

   El número en el espacio en blanco representa

   _____.

   El número en el espacio en blanco representa

   _____.

   b. 3 × ____ = 12

   12 ÷ 3 = ____

Lección 6: Interpretar la incógnita en la división usando el modelo de matriz.

UNA HISTORIA DE UNIDADES   Lección 6: Tarea 3•1

4. Judy lava 24 platos. Luego seca y apila los platos equitativamente en 4 montones. ¿Cuántos platos hay en cada montón?

   $24 \div 4 =$ _____

   $4 \times$ _____ $= 24$

   ¿Cuál es el significado del factor desconocido y el cociente? _____
   _____

5. Nate resuelve la ecuación ____ $\times 5 = 15$ al escribir y resolver $15 \div 5 =$ ___. Explica por qué el método de Nate funciona.

   _____

6. El espacio en blanco en el Problema 5 representa el número de grupos. Dibuja una matriz para representar las ecuaciones.

Lección 6: Interpretar la incógnita en la división usando el modelo de matriz.

UNA HISTORIA DE UNIDADES

Lección 7: Grupo de problemas

Nombre _____ Fecha _____

1. a. Dibuja una matriz que muestre 6 filas de 2.

   b. Escribe un enunciado de multiplicación en donde el primer factor represente el total de filas.

   _____ × _____ = _____

2. a. Dibuja una matriz que muestre 2 filas de 6.

   b. Escribe un enunciado de multiplicación en donde el primer factor represente el total de filas.

   _____ × _____ = _____

3. a. Voltea tu hoja para ver las matrices del Problema 1 y 2 de diferentes maneras. ¿En qué se parecen y en qué son diferentes?

   b. ¿Por qué los factores en tus enunciados de multiplicación están en otro orden?

4. Escribe un enunciado de multiplicación para cada expresión. Puedes contar salteado para calcular los totales.

   a. 6 dos: $6 \times 2 = 12$ d. 2 sietes: _____   **Extensión:**

   b. 2 seis: _____   e. 9 dos: _____   g. 11 dos: _____

   c. 7 dos: _____   f. 2 nueves: _____   h. 2 doces: _____

Lección 7: Demostrar la propiedad conmutativa de la multiplicación y practicar operaciones relacionadas al contar objetos de manera salteada en modelos de matriz.

UNA HISTORIA DE UNIDADES Lección 7: Grupo de problemas 3•1

5. Escribe y resuelve enunciados de multiplicación en donde el segundo factor representa el tamaño de la fila.

_____   _____

6. El Sr. Nenadal escribe $2 \times 7 = 7 \times 2$ en la pizarra. ¿Estás de acuerdo o en desacuerdo? Dibuja matrices para explicar tu razonamiento.

7. Encuentra el factor faltante para que la ecuación sea verdadera.

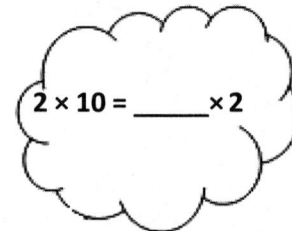

8. Jada tiene 2 paquetes de borradores nuevos. Cada paquete contiene 6 borradores.
   a. Dibuja una matriz que muestre los borradores que Jada tiene en total.

   b. Escribe y resuelve un enunciado de multiplicación que describa la matriz.

   c. Usa la propiedad conmutativa para escribir y resolver diferentes multiplicaciones para la matriz.

Nombre _____ Fecha _____

1. a. Dibuja una matriz que muestre 7 filas de 2.

   b. Escribe un enunciado de multiplicación en donde el primer factor represente el total de filas.

   _____ × _____ = _____

2. a. Dibuja una matriz que muestre 2 filas de 7.

   b. Escribe un enunciado de multiplicación en donde el primer factor represente el total de filas.

   _____ × _____ = _____

3. a. Voltea tu hoja para ver las matrices del Problema 1 y 2 de diferentes maneras. ¿En qué se parecen y en qué son diferentes?

   b. ¿Por qué los factores en tus enunciados de multiplicación están en otro orden?

4. Escribe un enunciado de multiplicación que correspondan con el total de grupos. Cuenta salteado para encontrar los totales. El primer ejercicio ya está resuelto.

   a. 2 dos: $2 \times 2 = 4$

   b. 3 dos: _____

   c. 2 tres _____

   d. 2 cuatros: _____

   e. 4 dos: _____

   f. 5 dos: _____

   g. 2 cincos: _____

   h. 6 dos: _____

   i. 2 seis: _____

Lección 7: Demostrar la propiedad conmutativa de la multiplicación y practicar esta información contando objetos en serie con modelos de matriz.

5. Escribe y resuelve enunciados de multiplicación en donde el segundo factor representa el tamaño de la fila.

 _____   _____

6. Ángel escribe 2 × 8 = 8 × 2 en su cuaderno. ¿Estás de acuerdo o en desacuerdo? Dibuja matrices para explicar tu razonamiento.

7. Encuentra el factor faltante para que la ecuación sea verdadera.

| 2 × 6 = 6 × ____ | ____ × 2 = 2 × 7 | 9 × 2 = ____ × 9 | 2 × ____ = 10 × 2 |

8. Tamia compra 2 bolsas de caramelos. Cada bolsa contiene 7 piezas de caramelo.
   a. Dibuja una matriz que muestre cuántos caramelos tiene Tamia en total.

   b. Escribe y resuelve un enunciado de multiplicación que describa la matriz.

   c. Usa la propiedad conmutativa para escribir y resolver diferentes multiplicaciones para la matriz.

Nombre _____ Fecha _____

1. Dibuja una matriz que muestre 5 filas de 3.

2. Dibuja una matriz que muestre 3 filas de 5.

3. Escribe las expresiones de multiplicación para las matrices de los problemas 1 y 2. Que el primer factor en cada expresión represente la cantidad de filas. Usa la propiedad conmutativa para asegurarte que la siguiente ecuación es verdadera.

   _____ × _____ = _____ × _____
   Problema 1   **Problema 2**

4. Escribe un enunciado de multiplicación para cada expresión. Puedes contar de manera salteada para calcular los totales. El primero está resuelto como ejemplo.

   a. 2 tres: $2 \times 3 = 6$ d. 4 tres: _____   g. 3 nueves: _____

   b. 3 dos: _____   e. 3 sietes: _____   h. 9 tres: _____

   c. 3 cuatros: _____   f. 7 tres: _____   i. 10 tres: _____

5. Encuentra la incógnita que hace verdaderas las ecuaciones. Luego, traza una línea para conectar las operaciones relacionadas.

   a. 3 + 3 + 3 + 3 + 3 = _____   d. 3 × 8 = _____

   b. 3 × 9 = _____   e. _____ = 5 × 3

   c. 7 tres + 1 tres = _____   f. 27 = 9 × _____

6. Isaac recoge 3 mandarinas de su árbol todos los días durante 7 días.

   a. Usa círculos para dibujar una matriz que represente las mandarinas que recogió Isaac.

   b. ¿Cuántas mandarinas recogió Isaac en 7 días? Escribe y resuelve un enunciado de multiplicación para calcular el total.

   c. Isaac decide recoger 3 mandarinas cada día durante 3 días más. Dibuja una x para mostrar cada una de las nuevas mandarinas en la matriz de la parte (a).

   d. Escribe y resuelve un enunciado de multiplicación para calcular la cantidad total de mandarinas que recogió Isaac.

7. Sara compra botellas de jabón. Cada botella cuesta $2.

   a. ¿Cuánto dinero gastó Sara si compró 3 botellas de jabón?

   _____ × _____ = $ _____

   b. ¿Cuánto dinero gastó Sara si compró 6 botellas de jabón?

   _____ × _____ = $ _____

UNA HISTORIA DE UNIDADES   Lección 8: Tarea   3•1

Nombre _____   Fecha _____

1. Dibuja una matriz que muestre 6 filas de 3.

2. Dibuja una matriz que muestre 3 filas de 6.

3. Escribe las expresiones de multiplicación para las matrices de los problemas 1 y 2. Que el primer factor en cada expresión represente la cantidad de filas. Usa la propiedad conmutativa para asegurarte que la siguiente ecuación es verdadera.

$$\underline{} \times \underline{} = \underline{} \times \underline{}$$
Problema 1   Problema 2

4. Escribe un enunciado de multiplicación para cada expresión. Puedes contar en serie para calcular los totales. El primero está resuelto como ejemplo.

   a. 5 tres: _5 × 3 = 15_   d. 3 seis: _____   g. 8 tres: _____

   b. 3 cincos: _____   e. 7 tres: _____   h. 3 nueves: _____

   c. 6 tres: _____   f. 3 sietes: _____   i. 10 tres: _____

5. Encuentra la incógnita que hace verdaderas las ecuaciones. Luego, dibuja una línea para conectar las operaciones relacionadas.

   a. 3 + 3 + 3 + 3 + 3 + 3 = _____   d. 3 × 9 = _____

   b. 3 × 5 = _____   e. _____ = 6 × 3

   c. 8 tres + 1 tres = _____   f. 15 = 5 × _____

Lección 8: Demostrar la conmutatividad de la multiplicación y practicar las operaciones relacionadas al contar los objetos de manera salteada en modelos de matriz.

6. Fernando pone 3 fotos en cada página de su álbum de fotos. Pone fotos en 8 páginas.

   a. Usa círculos para dibujar una matriz que represente la cantidad total de fotos en el álbum de fotos de Fernando.

   b. Usa tu matriz para escribir un enunciado de multiplicación para calcular la cantidad total de fotos de Fernando.

   c. Fernando agrega 2 páginas más a su álbum. Pone 3 fotos en cada página nueva. Dibuja una x para mostrar cada una de las nuevas fotos en la matriz de la parte (a).

   d. Escribe y resuelve un enunciado de multiplicación para calcular la cantidad total de fotos en el álbum de Fernando.

7. Ivania recicla. Recibe 3 centavos por cada lata que recicla.

   a. ¿Cuánto dinero recibe Ivania si recicla 4 latas?

   _____ × _____ = _____ centavos

   b. ¿Cuánto dinero recibe Ivania si recicla 7 latas?

   _____ × _____ = _____ centavos

Nombre _____ Fecha _____

1. El equipo organiza pelotas de soccer en 2 filas de 5. El entrenador suma 3 filas de 5 pelotas de soccer. Completa las ecuaciones para describir la matriz total.

   a. (5 + 5) + (5 + 5 + 5) = _____

   b. 2 cincos + ____ cincos = _____ cincos

   c. _____ × 5 = _____

2. 7 × 2 = _____

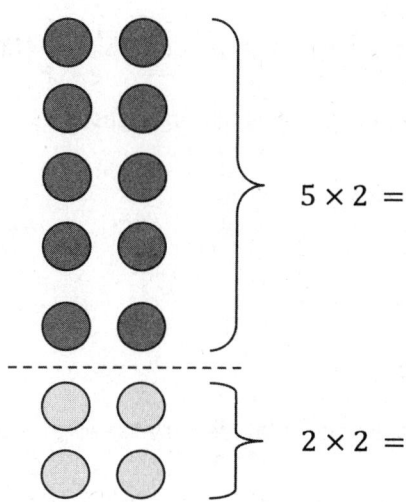

5 × 2 =

2 × 2 =

10 + 4 = _____

_____ × 2 = 14

3. 9 × 2 = _____

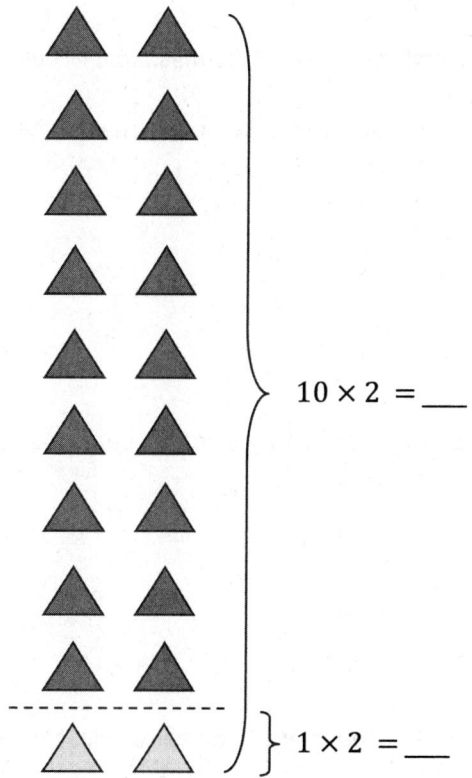

10 × 2 = ___

1 × 2 = ___

20 − _____ = 18

9 × 2 = _____

UNA HISTORIA DE UNIDADES   Lección 9: Grupo de problemas   3•1

4. Matthew organiza sus tarjetas de béisbol en 4 filas de 3.

   a. Dibuja una matriz que represente las tarjetas de Matthew usando una x para mostrar cada tarjeta.

   b. Resuelve la ecuación para encontrar el número total de tarjetas de Matthew. 4 × 3 = ____

5. Matthew suma 2 filas más. Usa círculos para mostrar tus nuevas tarjetas en la matriz del problema 4(a).

   a. Escribe y resuelve una ecuación de multiplicación para representar los círculos que agregaste a la matriz.

   ____ × 3 = ____

   b. Suma los totales de las ecuaciones en los problemas 4(b) y 5(a) para encontrar las tarjetas totales de Matthew.

   ____ + ____ = 18

   c. Escribe la ecuación de multiplicación que muestra el número total de tarjetas de Matthew.

   ____ × ____ = 18

Lección 9: Encontrar las operaciones de multiplicación relacionadas sumando y restando grupos iguales en modelos de matriz.

Nombre _____ Fecha _____

1. Dan organiza sus calcomanías en 3 filas de cuatro. Irene agrega 2 filas más de calcomanías. Completa las ecuaciones para describir el número total de calcomanías en la matriz.

   a. $(4 + 4 + 4) + (4 + 4) =$ _____

   b. 3 cuatros + ____ cuatros = _____ cuatros

   c. _____ × 4 = _____

2. $7 \times 2 =$ ____

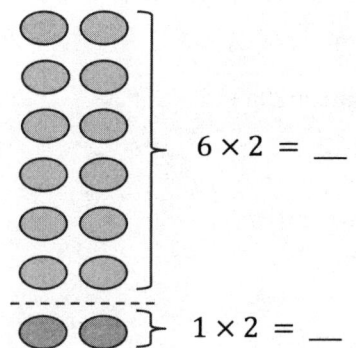

$6 \times 2 =$ __

$1 \times 2 =$ __

$12 + 2 =$ _____

_____ × 2 = 14

3. $9 \times 3 =$ ____

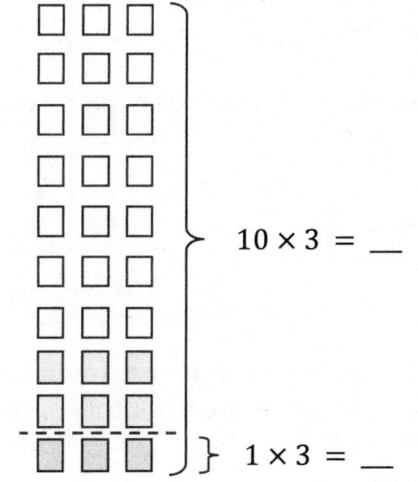

$10 \times 3 =$ __

$1 \times 3 =$ __

30 - _____ = 27

_____ × 3 = 27

4. Franklin recolecta calcomanías. Él organiza sus calcomanías en 5 filas de cuatro.

   d. Dibuja una matriz para representar las calcomanías de Franklin. Usa una x para mostrar cada calcomanía.

   e. Resuelve la ecuación para encontrar el número total de calcomanías de Franklin. $5 \times 4 = $ ____

5. Franklin agrega 2 filas más. Usa círculos para mostrar las nuevas calcomanías en la matriz del problema 4(a).

   a. Escribe y resuelve una ecuación para representar los círculos que agregaron a la matriz.

   ____ × 4 = ____

   b. Completa la ecuación para mostrar cómo sumar los totales de 2 operaciones de multiplicación para encontrar el número total de calcomanías de Franklin.

   ____ + ____ = 28

   c. Completa la incógnita para mostrar el número total de calcomanías de Franklin.

   ____ × 4 = 28

UNA HISTORIA DE UNIDADES   Lección 9: Plantilla 3•1

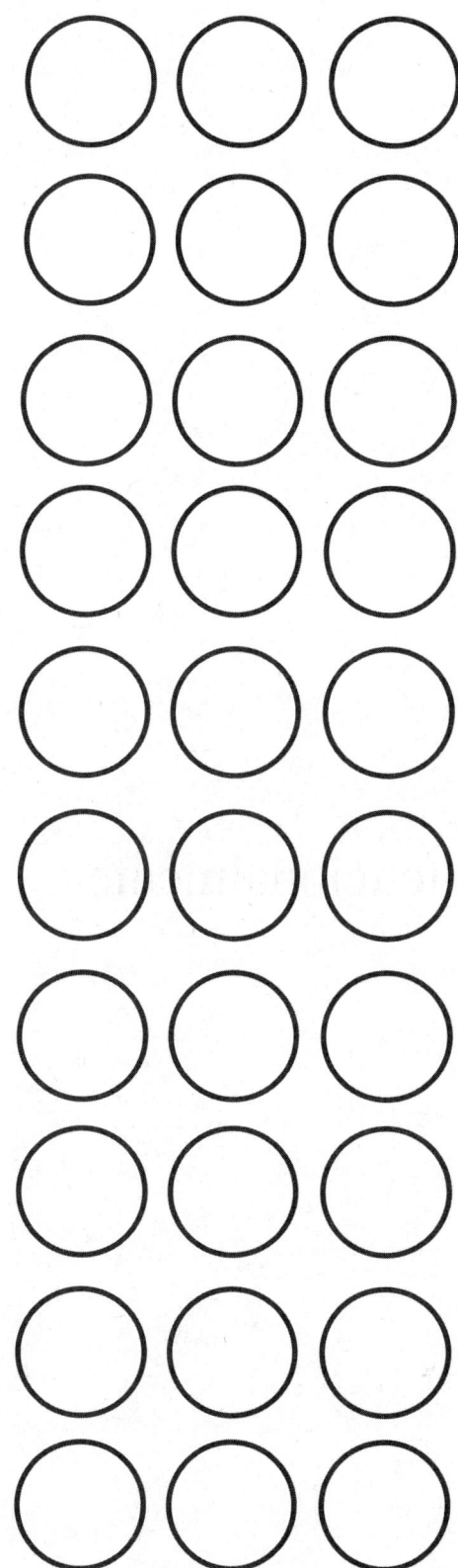

matriz de tres sin rellenar

Lección 9: Encontrar las operaciones de multiplicación relacionadas sumando y restando grupos iguales en modelos de matriz.

Esta página se dejó en blanco intencionalmente

Nombre _____ Fecha _____

1. 7×3 = (5×3) + (2×3) = _____

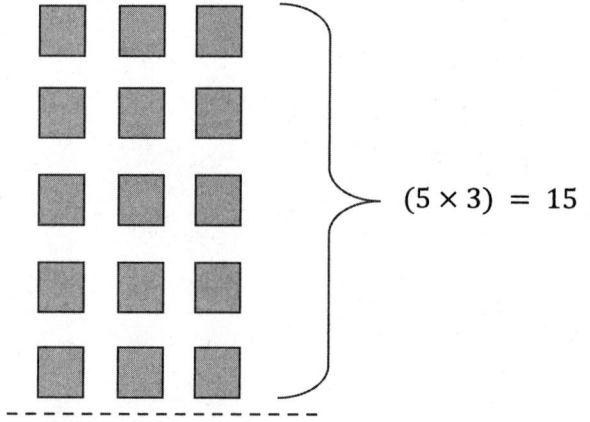

(5 × 3) = 15

(2 × 3) = _____

(5 × 3) + (2 × 3) = 15 + _____

15 + _____ = _____

2. 8 × 3 = (4 × 3) + (4 × 3) = _____

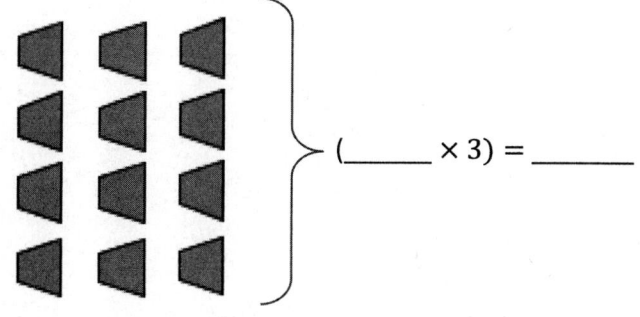

(_____ × 3) = _____

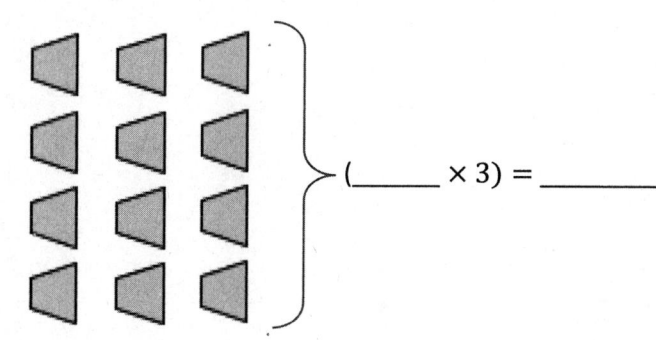

(_____ × 3) = _____

(4 × 3) + (4 × 3) = _____ + _____

_____ × 3 = _____

3. Rubí hace un álbum de fotos. Una página se muestra abajo. Rubí pone 3 fotos en cada fila.

   a. Completa las ecuaciones de la derecha. Úsalas para ayudarte a dibujar matrices que muestran las fotos en las partes superior e inferior de la página.

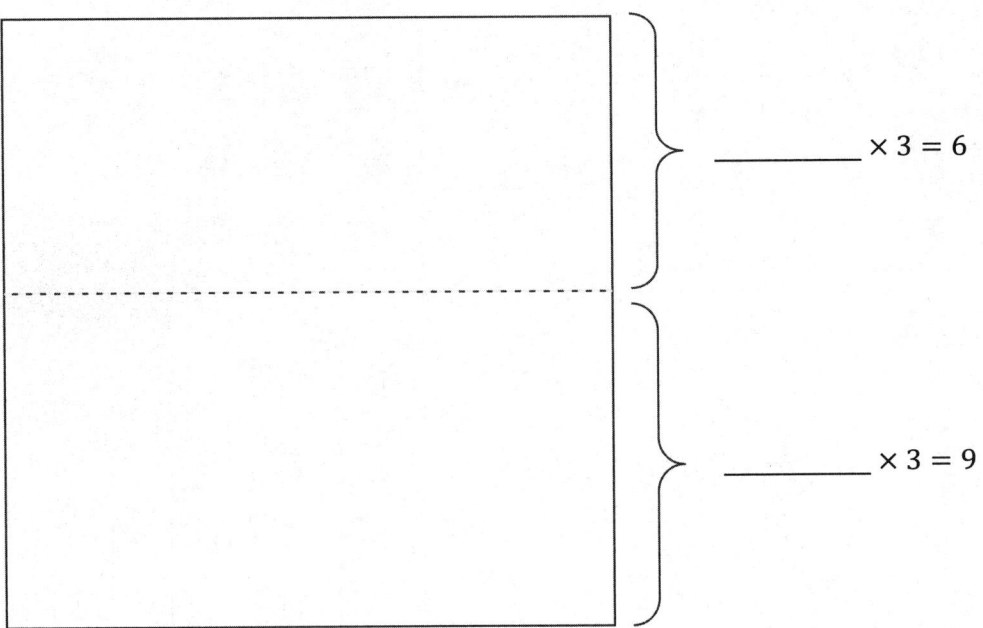

   _____ × 3 = 6

   _____ × 3 = 9

   b. Rubí calcula el número total de fotos como se muestra a continuación. Usa la matriz que dibujaste para ayudarte a explicar el cálculo de Ruby.

   $$5 \times 3 = 6 + 9 = 15$$

Nombre _____ Fecha _____

1. 6 × 3 = _____

(4 × 3) = 12

(2 × 3) = _____

12 + _____ = _____

6 × 3 = _____

2. 8 × 2 = _____

(___ × 2) = _____

(___ × 2 = _____

(4 × 2) + (4 × 2) = _____ + _____

___ × 2 = _____   (4 × 3) + (2 × 3) = 12 + _____

Lección 10: Modelar la propiedad distributiva con conjuntos para descomponer unidades como una estrategia para multiplicar.

3. Adriana organiza sus libros en los estantes. Pone 3 libros en cada fila.

   a. Completa las ecuaciones de la derecha. Úsalas para ayudarte a dibujar matrices que muestran los libros en los estantes superior e inferior de Adriana.

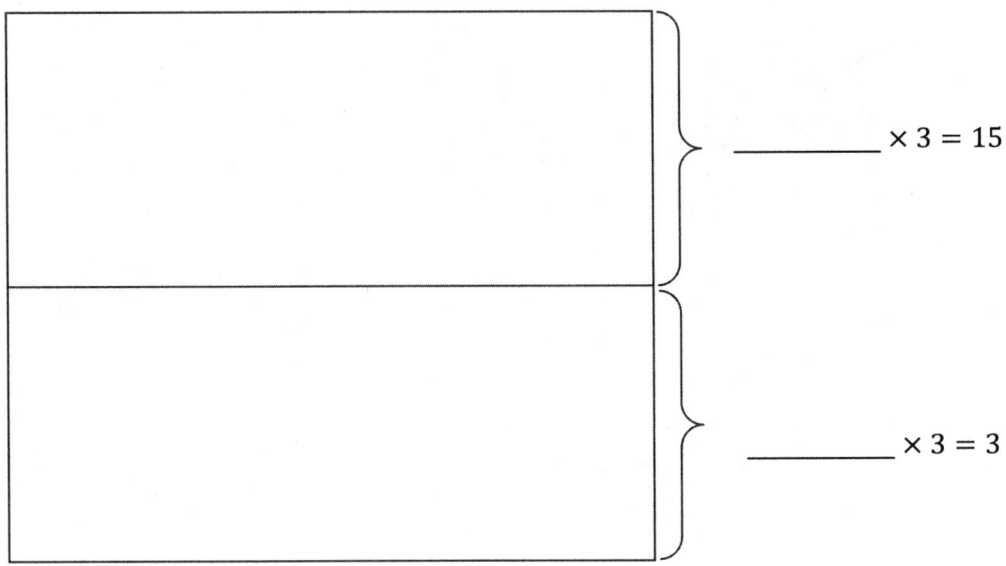

_____ × 3 = 15

_____ × 3 = 3

   b. Adriana calcula el número total de libros como se muestra a continuación. Usa la matriz que dibujaste para ayudarte a explicar el cálculo de Adriana.

$$6 \times 3 = 15 + 3 = 18$$

UNA HISTORIA DE UNIDADES

Lección 11: Grupo de problemas 3•1

Nombre _____ Fecha _____

1. La Sra. Prescott tiene 12 naranjas. Coloca 2 naranjas en cada bolsa. ¿Cuántas bolsas tiene?

   a. Dibuja una matriz donde cada columna muestre una bolsa de naranjas.

   _____ ÷ 2 = _____

   b. Dibuja nuevamente las naranjas en cada bolsa como una unidad en el diagrama de cinta. La primera unidad ya está resuelta. Mientras dibujas, identifica el diagrama con la información conocida y desconocida del problema.

   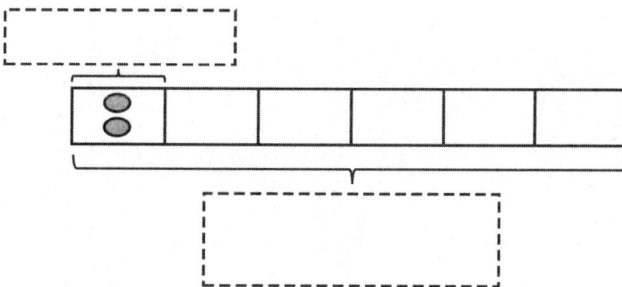

2. La Sra. Prescott ordena 18 ciruelas en 6 bolsas. ¿Cuántas ciruelas hay en cada bolsa? Modela el problema tanto con una matriz como con un diagrama de cinta etiquetado. Muestra cada columna como el número de ciruelas en cada bolsa.

   Hay _____ ciruelas en cada bolsa.

Lección 11: Modelar la división como el factor desconocido en la multiplicación utilizando matrices y diagramas de cinta.

45

3. Catorce cestas están apiladas por igual en 7 pilas. ¿Cuántas cestas hay en cada pila? Modela el problema tanto con una matriz como con un diagrama de cinta etiquetado. Muestra cada columna como el número de cestas en cada pila.

4. En la parte trasera de la tienda, el Sr. Prescott empaca 24 pimientos por igual en 8 bolsas. ¿Cuántos pimientos hay en cada bolsa? Modela el problema tanto con una matriz como con un diagrama de cinta etiquetado. Muestra cada columna como el número de pimientos en cada bolsa.

5. Olga ahorra $2 por semana para comprar un coche de juguete. El coche cuesta $16. ¿Cuántas semanas le tomará ahorrar lo suficiente para comprar el juguete?

Nombre _____ Fecha _____

1. Fred tiene 10 peras. Pone 2 peras en cada cesta. ¿Cuántas cestas tiene?

    a. Dibuja una matriz donde cada columna represente el número de peras en cada cesta.

    _____ ÷ 2 = _____

    b. Dibuja nuevamente las peras en cada cesta como una unidad en el diagrama de cinta. Identifica el diagrama con la información conocida y desconocida del problema.

    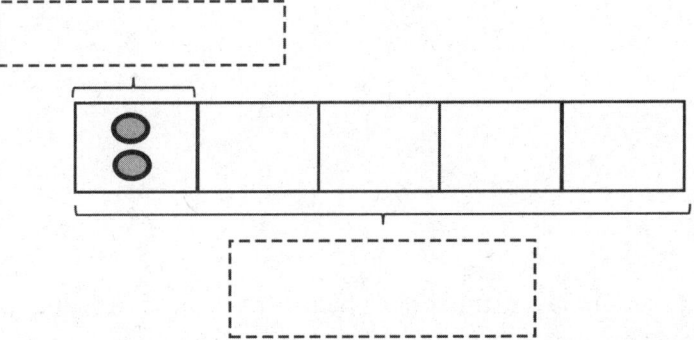

2. La Sra. Meyer organiza 15 portapapeles por igual en 3 cajas. ¿Cuántos portapapeles hay en cada caja? Modela el problema tanto con una matriz como con un diagrama de cinta etiquetado. Muestra cada columna como el número de portapapeles en cada caja.

    Hay portapapeles _____ en cada caja.

3. Dieciséis figuras de acción están ordenadas por igual en 2 estantes. ¿Cuántas figuras de acción hay en cada estante? Modela el problema tanto con una matriz como con un diagrama de cinta etiquetado. Muestra cada columna como el número de figuras de acción en cada estante.

4. Jasmine guarda 18 sombreros. Pone un número igual de sombreros en 3 estantes. ¿Cuántos sombreros hay en cada estante? Modela el problema tanto con una matriz como con un diagrama de cinta etiquetado. Muestra cada columna como el número de sombreros en cada estante.

5. Corey toma prestados de la biblioteca 2 libros por semana. ¿Cuántas semanas le llevará tomar prestados 14 libros en total?

Nombre _____ Fecha _____

1. Hay 8 aves en la tienda de mascotas. Dos aves están en cada jaula. Encierra en un círculo para mostrar cuántas jaulas hay.

8 ÷ 2 = _____

Hay _____ jaulas de aves.

2. La tienda de mascotas vende 10 peces. Dividen los peces por igual en 5 peceras. Dibuja los peces para encontrar el número en cada pecera.

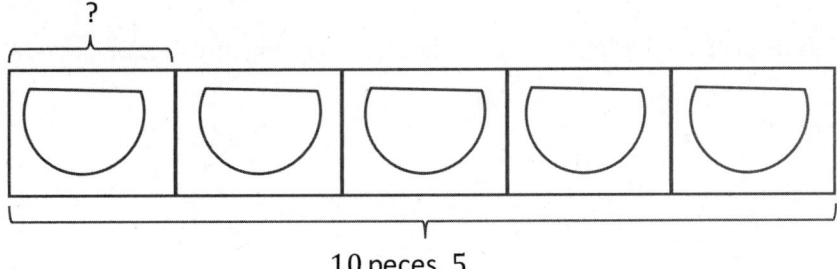

10 peces, 5

5 × _____ = 10

10 ÷ 5 = _____

Hay _____ peces en cada pecera.

3. Relaciona.

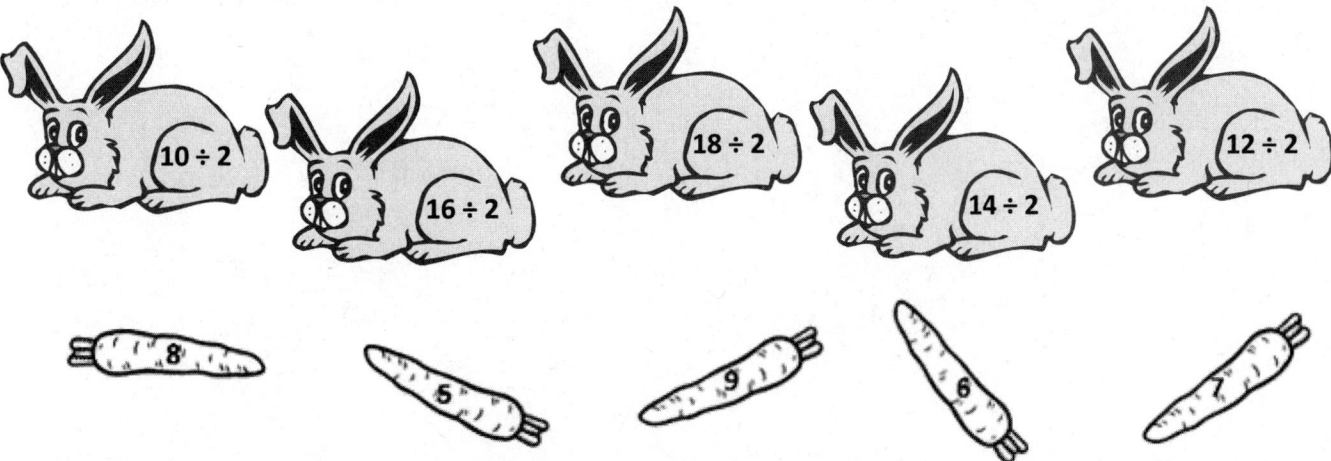

4. Laina compra 14 metros de listón. Corta su listón en 2 trozos iguales. ¿Cuántos metros de largo mide cada trozo? Identifica el diagrama de cinta para representar el problema, incluyendo la incógnita.

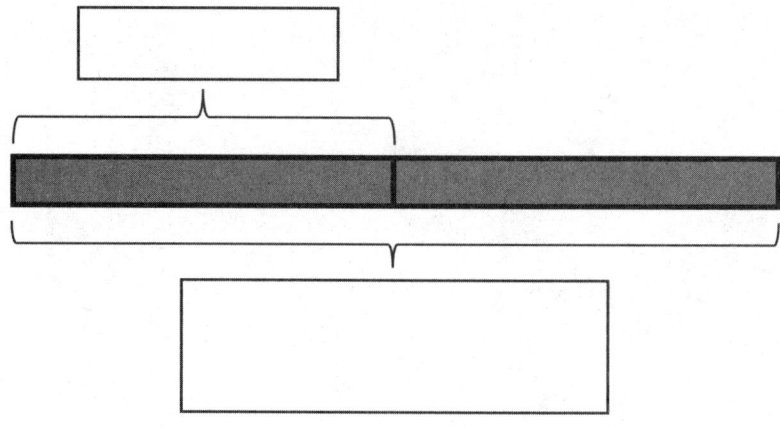

Cada trozo mide _____ metros de largo.

5. Roy come 2 barras de cereales cada mañana. Cada caja tiene un total de 12 barras. ¿Cuántos días toma a Roy terminarse 1 caja?

6. Sara y Ester comparten por igual el costo de un regalo. El regalo cuesta $18. ¿Cuánto paga Sara?

UNA HISTORIA DE UNIDADES   Lección 12: Tarea   3•1

Nombre _____ Fecha _____

1. Diez personas esperan en la cola para la montaña rusa. Dos personas se sientan en cada carro. Encierra en un círculo para encontrar el número total de carros necesarios.

$10 \div 2 =$ _____

Se necesitan _____ carros.

2. El Sr. Ramírez reparte por igual 12 ranas en 6 grupos de estudiantes para que las estudien. Dibuja ranas para encontrar el número en cada grupo. Identifica la información conocida y desconocida en el diagrama de cinta como ayuda para solucionar.

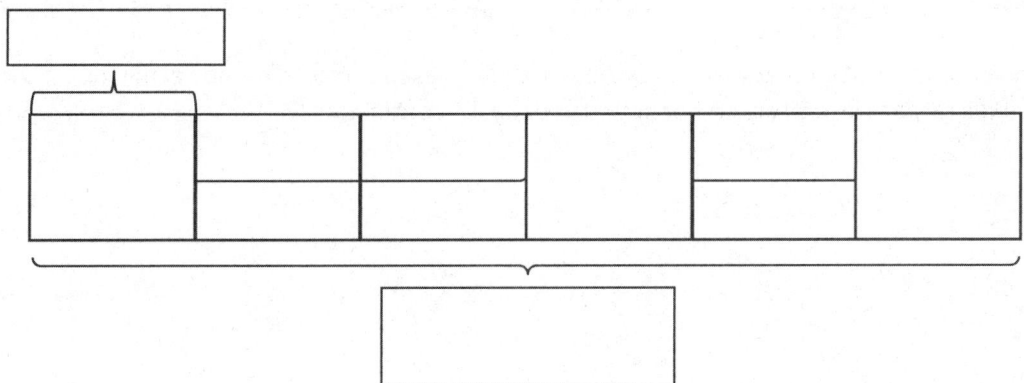

$6 \times$ _____ $= 12$

$12 \div 6 =$ _____

Hay _____ ranas en cada grupo.

3. Relaciona.

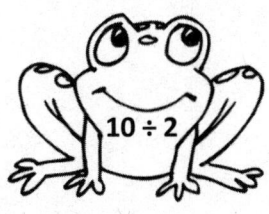   

  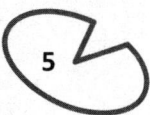 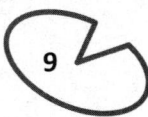

Lección 12: Interpretar el cociente como la cantidad de grupos o la cantidad de objetos en cada grupo donde se utilicen unidades de 2.

4. Betsy vierte 16 tazas de agua para llenar 2 botellas equitativamente. ¿Cuántas tazas de agua hay en cada botella? Identifica el diagrama de cinta para representar el problema, incluyendo la incógnita.

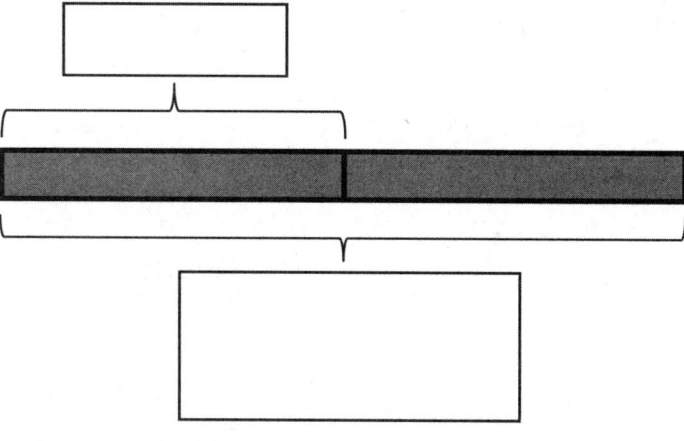

Hay _____ tazas de agua en cada botella.

5. Una lombriz excava 2 centímetros en el suelo cada día. La lombriz excava más o menos al mismo ritmo todos los días. ¿Cuántos días tardará la lombriz en hacer un túnel de 14 centímetros?

6. Sebastián y Teshawn van al cine. Las entradas cuestan $16 en total. Los chicos comparten el costo por igual. ¿Cuánto paga Teshawn?

Nombre _____ Fecha _____

1. Rellena los espacios en blanco para hacer enunciados numéricos verdaderos.

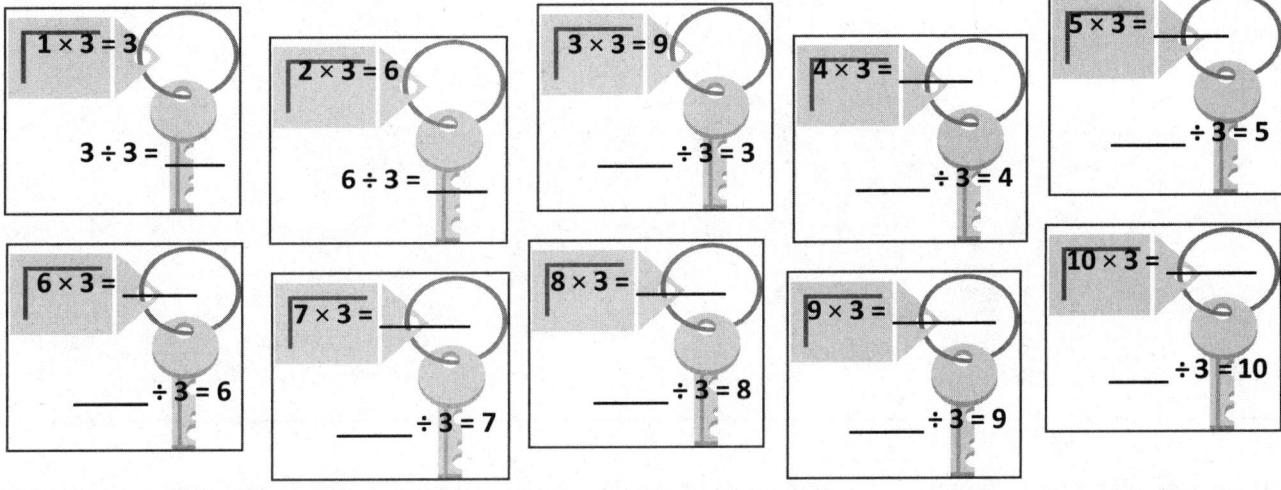

2. El Sr. Lawton recoge tomates de su jardín. Él divide los tomates en bolsas de 3.

   a. Encierra en un círculo cuántas bolsas empaqueta. Luego, cuenta salteado para encontrar el número total de tomates.

   b. Dibuja un diagrama de cinta para representar el problema.

   _____ ÷ 3 = _____

   El Sr. Lawton empaqueta _____ bolsas de tomates.

UNA HISTORIA DE UNIDADES — Lección 13: Grupo de problemas 3•1

3. Camille compra un pliego de estampillas que mide 15 centímetros de largo. Cada estampilla tiene 3 centímetros de largo. ¿Cuántas estampillas compra Camille? Dibuja e identifica un diagrama de cinta para resolver.

Camille compra _____ estampillas.

4. Los estudiantes de tercer grado salen a una excursión. Se dividen por igual en 3 camionetas. ¿Cuántos estudiantes hay en cada camioneta?

5. Algunos amigos gastan un total de $24 en yogurt congelado. Cada persona paga $3. ¿Cuántas personas compran yogurt congelado?

UNA HISTORIA DE UNIDADES   Lección 13: Tarea   3•1

Nombre _____   Fecha _____

1. Rellena los espacios en blanco para hacer enunciados numéricos verdaderos.

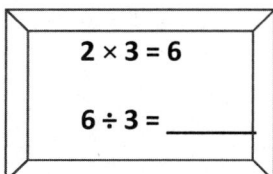

2 × 3 = 6

6 ÷ 3 = _____

1 × 3 = _____

_____ ÷ 3 = 1

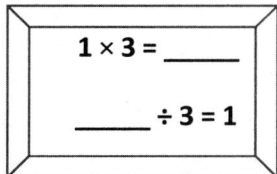

7 × 3 = _____

_____ ÷ 3 = 7

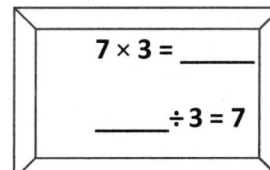

9 × 3 = _____

_____ ÷ 3 = 9

2. A continuación, se muestran los peces de acuario de la Srta. Gillette. Ella mantiene 3 peces en cada pecera.

   a. Encierra en un círculo para mostrar cuántas peceras tiene ella. Luego, cuenta salteado para encontrar el número total de peces.

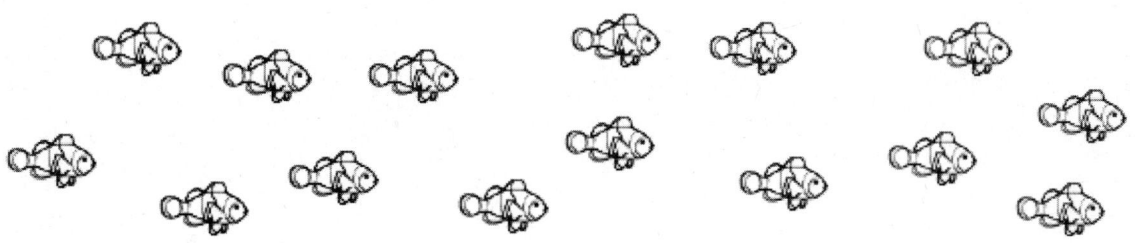

   b. Dibuja e identifica un diagrama de cinta para representar el problema.

_____ ÷ 3 = _____

La Srta. Gillette tiene _____ peceras.

Lección 13: Interpretar el cociente como la cantidad de grupos o la cantidad de objetos en cada grupo donde se utilicen unidades de 3.

3. Juan compra 18 metros de alambre. Él corta el alambre en pedazos que tienen 3 metros de largo cada uno. ¿Cuántos pedazos de alambre corta?

4. Un maestro tiene 24 lápices. Son divididos por igual entre 3 estudiantes. ¿Cuántos lápices recibe cada estudiante?

5. Hay 27 estudiantes de tercer grado en grupos de 3. ¿Cuántos grupos de estudiantes de tercer grado hay?

UNA HISTORIA DE UNIDADES Lección 14: Grupo de problemas 3•1

Nombre _____ Fecha _____

1. Cuenta de cuatro en cuatro. Relaciona cada respuesta con la expresión adecuada.

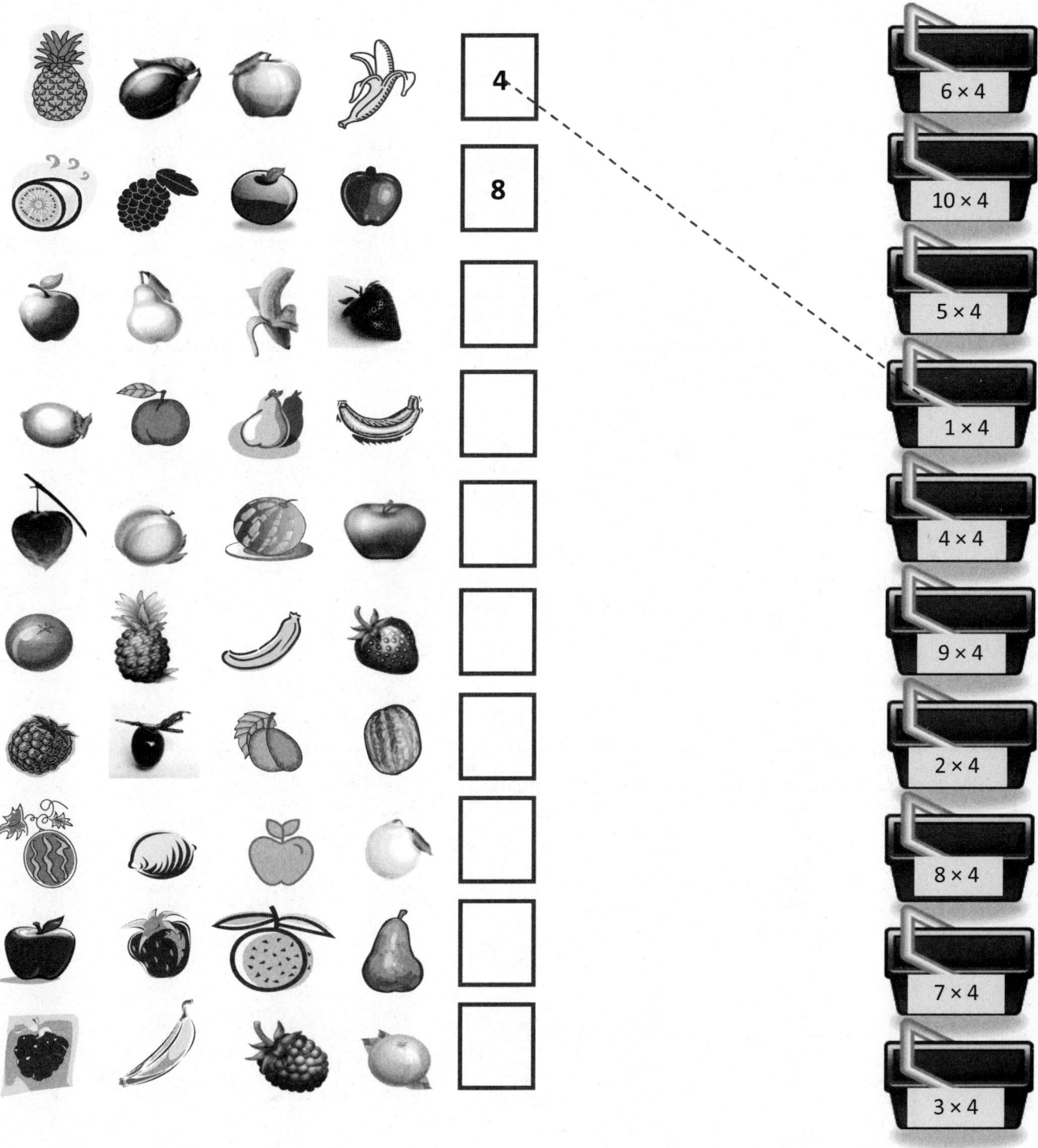

2. El Sr. Schmidt reemplazó las 4 llantas en 7 carros. ¿Cuántas llantas reemplazó? Dibuja e identifica un diagrama de cinta para resolverlo.

El Sr. Schmidt reemplazó _____ llantas.

3. Trina hizo 4 pulseras. Cada pulsera tiene 6 cuentas. Dibuja e identifica un diagrama de cinta para mostrar el número total de cuentas que usó Trina.

4. Encuentra el número total de lados en 5 rectángulos.

UNA HISTORIA DE UNIDADES　　　　　　　　　　　　　　　　　　　　　Lección 14: Tarea   3•1

Nombre _____   Fecha _____

1. Cuenta de cuatro en cuatro. Relaciona cada respuesta con la expresión adecuada.

Lección 14: Contar objetos de manera salteada en modelos para desarrollar fluidez con operaciones de multiplicación usando unidades de 4.

2. Lisa colocó 5 filas de 4 cajas de jugo en el refrigerador. Dibuja una matriz y cuenta salteado para encontrar el número total de cajas de jugo.

Hay _____ cajas de jugo en total.

3. Seis carpetas se colocaron en cada mesa. ¿Cuántas carpetas hay en 4 mesas? Dibuja y nombra un diagrama de cinta para resolverlo.

4. Encuentra el número total de lados en 8 cuadrados.

UNA HISTORIA DE UNIDADES   Lección 14: Plantilla 3•1

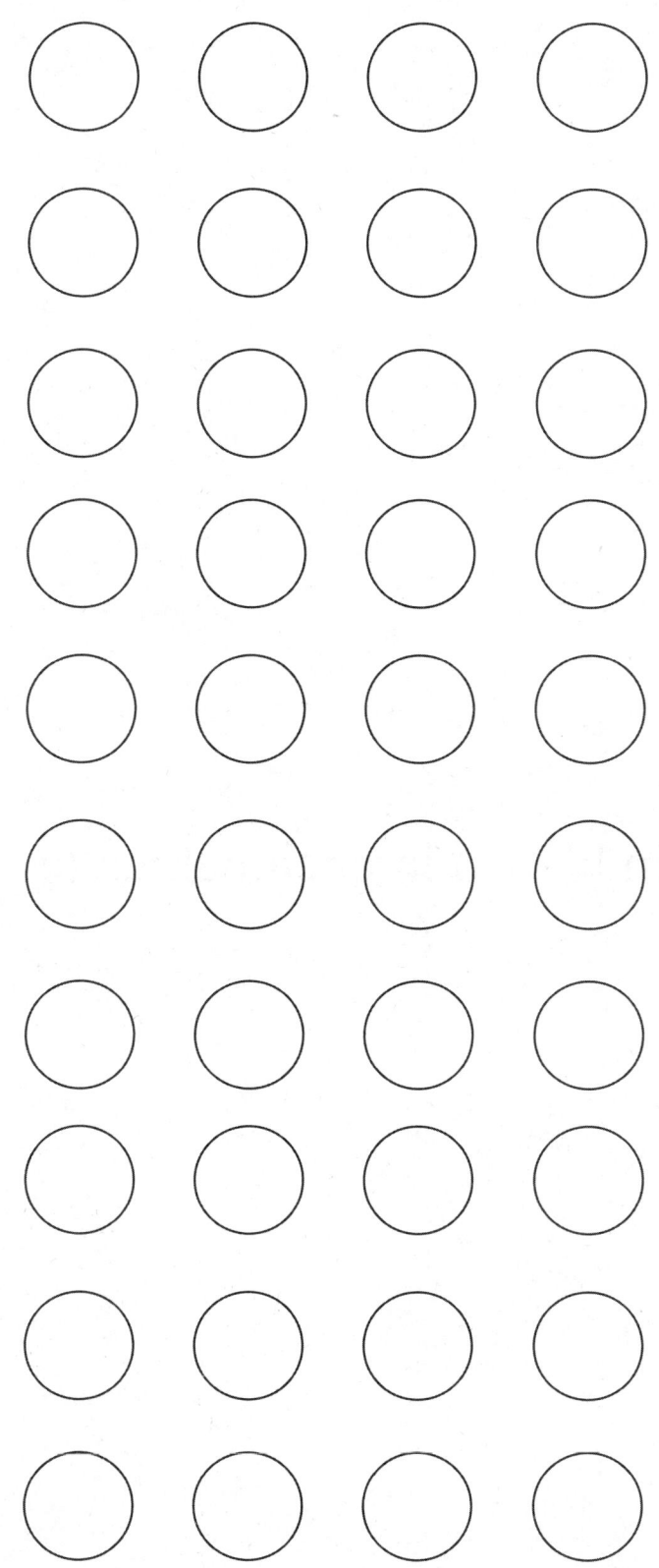

matrices de cuatros

Lección 14: Contar objetos de manera salteada en modelos para desarrollar fluidez con operaciones de multiplicación usando unidades de 4.

Esta página se dejó en blanco intencionalmente

Nombre _____ Fecha _____

1. Identifica los diagramas de cinta y completa las ecuaciones. Luego, dibuja una matriz para representar los problemas.

   a.
   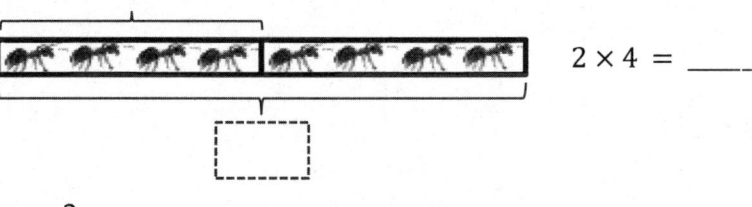

   $2 \times 4 = $ ____

   $4 \times 2 = $ ____

   b.
   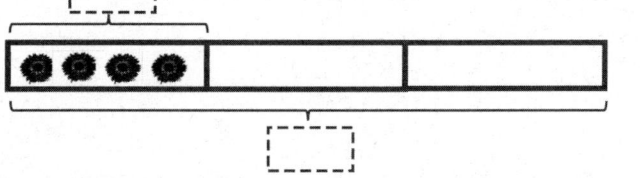

   ____ $\times 4 = $ ____

   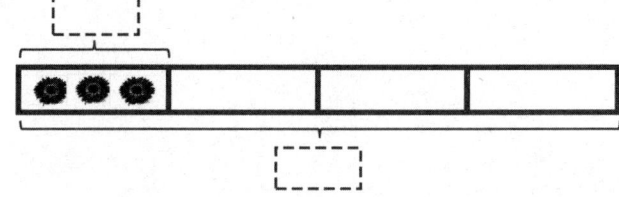

   $4 \times$ ____ $= $ ____

   c.
   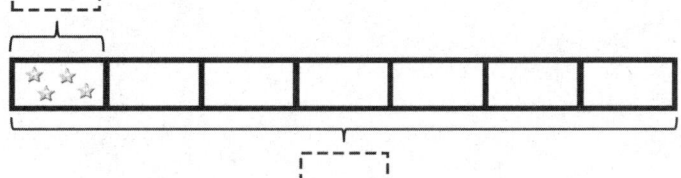

   ____ $\times$ ____ $= 28$

   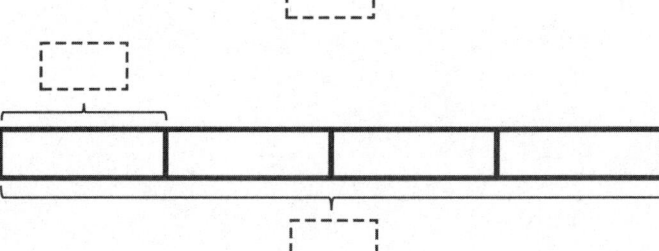

   ____ $\times$ ____ $= 28$

2. Dibuja e identifica 2 diagramas de cinta para modelar por qué el enunciado en la casilla es verdaderao

   $4 \times 6 = 6 \times 4$

3. Grace recolecta 4 flores de su jardín. Cada flor tiene 8 pétalos. Dibuja e identifica un diagrama de cinta para mostrar cuántos pétalos hay en total.

4. Michael cuenta 8 sillas en su comedor. Cada silla tiene 4 patas. ¿Cuántas patas de silla hay en total?

Nombre _____ Fecha _____

1. Identifica los diagramas de cinta y completa las ecuaciones. Luego, dibuja una matriz para representar los problemas.

   a.

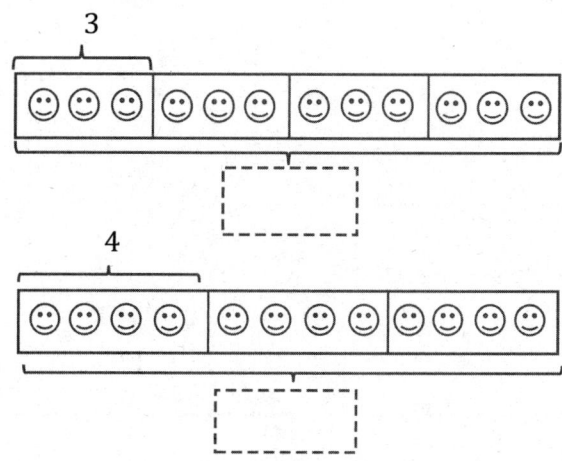

$4 \times 3 =$ _____

$3 \times 4 =$ _____

   b.

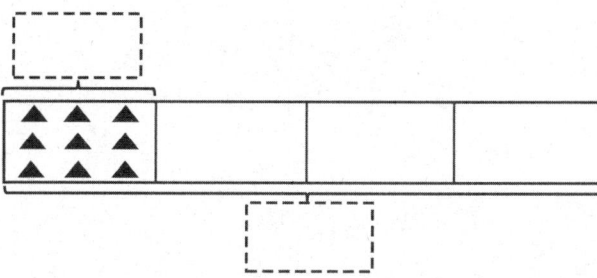

$4 \times$ ___ $=$ ___

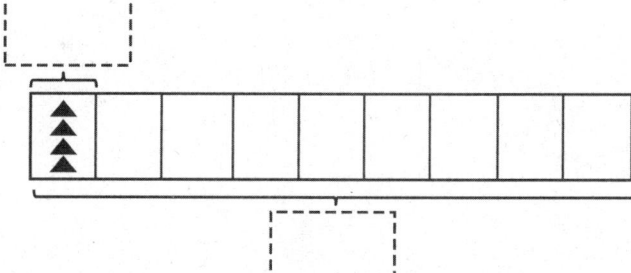

___ $\times 4 =$ ___

c.

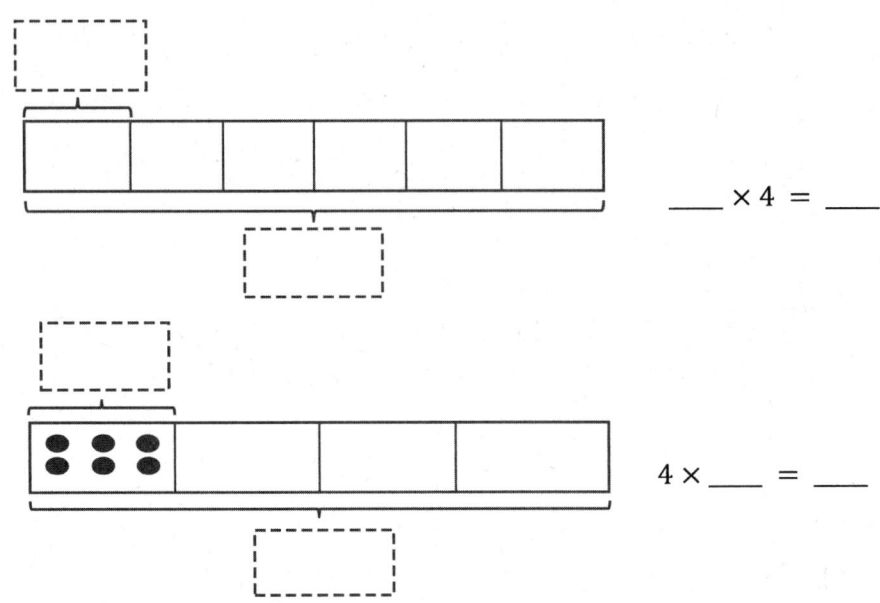

___ × 4 = ___

4 × ___ = ___

2. Siete payasos sostienen 4 globos cada uno en la feria. Dibuja e identifica un diagrama de cinta para mostrar el número total de globos que los payasos sostienen.

3. George nada 7 vueltas en la piscina cada día. ¿Cuántas vueltas nada George después de 4 días?

UNA HISTORIA DE UNIDADES

Lección 16: Grupo de problemas 3•1

Nombre _____ Fecha _____

1. Identifica la matriz. Luego, rellena los espacios en blanco para hacer enunciados numéricos verdaderos.

a. **6 × 4 =** _____

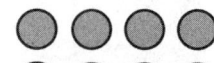

(5 × 4) = __20__

(1 × 4) = _____

(6 × 4) = (5 × 4) + (1 × 4)

= __20__ + _____

= _____

b. **7 × 4 =** _____

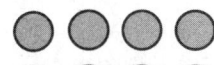

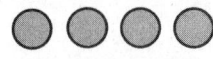

(5 × 4) = _____

(2 × 4) = _____

(7 × 4) = (5 × 4) + (2 × 4)

= _____ + _____

= __28__

c. **8 × 4 =** _____

(5 × 4) = _____

(___ × 4) = _____

(8 × 4) = (5 × 4) + (___ × 4)

= _____ + _____

= _____

d. **9 × 4 =** _____

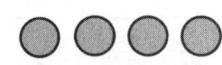

(5 × 4) = _____

(___ × 4) = _____

(9 × 4) = (5 × 4) + (___ × 4)

= _____ + _____

= _____

Lección 16: Usar la propiedad distributiva como estrategia para encontrar operaciones de multiplicación relacionadas.

2. Relaciona las expresiones iguales.

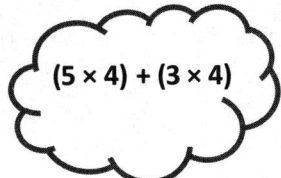

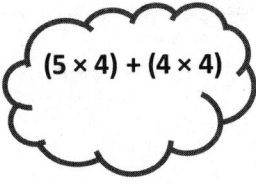

3. Nolan dibuja la siguiente matriz para encontrar la respuesta a la expresión de multiplicación 10×4. Él dice, "10×4 es el doble de 5×4." Explica la estrategia de Nolan.

Nombre _____ Fecha _____

1. Identifica la matriz. Luego, rellena los espacios en blanco para hacer enunciados numéricos verdaderos.

   a. **6 × 4** = _____

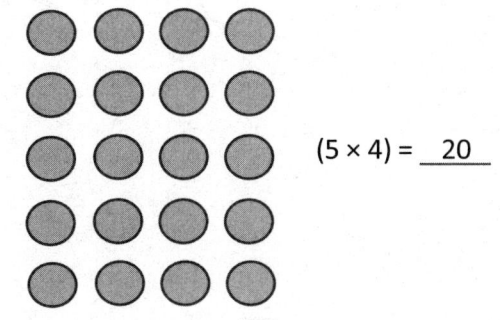

   (5 × 4) = __20__

   (___ × 4) = _____   **(6 × 4)** = (5 × 4) + (___ × 4)

   = __20__ + ___

   = _____

   b. **8 × 4** = _____

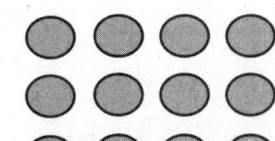

   (5 × 4) = _____

   (___ × 4) = _____

   (8 × 4) = (5 × 4) + (___ × 4)

   = _____ + _____

   = _____

2. Relaciona las expresiones de multiplicación con sus respuestas.

3. La siguiente matriz muestra una estrategia para resolver 9 × 4. Explica la estrategia usando tus propias palabras.

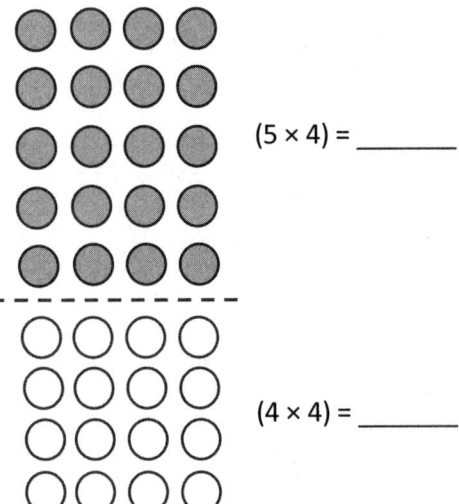

(5 × 4) = _____

(4 × 4) = _____

Nombre _____ Fecha _____

1. Usa la matriz para completar las ecuaciones asociadas.

    $1 \times 4 =$ __4__   __4__ $\div 4 = 1$

    $2 \times 4 =$ _____   _____ $\div 4 = 2$

      _____ $\times 4 = 12$ $12 \div 4 =$ _____

     _____ $\times 4 = 16$ $16 \div 4 =$ _____

      _____ $\times$ _____ $= 20$ $20 \div$ _____ $=$ _____

      _____ $\times$ _____ $= 24$ $24 \div$ _____ $=$ _____

      _____ $\times 4 =$ _____   _____ $\div 4 =$ _____

      _____ $\times 4 =$ _____   _____ $\div 4 =$ _____

      _____ $\times$ _____ $=$ _____   _____ $\div$ _____ $=$ _____

      _____ $\times$ _____ $=$ _____   _____ $\div$ _____ $=$ _____

Lección 17: Modelar la relación entre la multiplicación y la división.

2. El panadero empaca 36 panqués de salvado en cajas de 4. Dibuja e identifica un diagrama de cinta para encontrar el total de cajas que empaca.

3. La mesera ordena 32 vasos en 4 filas iguales. ¿Cuántos vasos hay en cada fila?

4. Janet pagó $28 por 4 cuadernos. Cada cuaderno cuesta lo mismo. ¿Cuál es el costo de 2 cuadernos?

UNA HISTORIA DE UNIDADES   Lección 17: Tarea   3•1

Nombre _____   Fecha _____

1. Usa la matriz para completar las ecuaciones asociadas.

1 × 4 = _____   _____ ÷ 4 = 1

2 × 4 = _____   _____ ÷ 4 = 2

_____ × 4 = 12   12 ÷ 4 = _____

_____ × 4 = 16   16 ÷ 4 = _____

____ × ____ = 20   20 ÷ ____ = ____

____ × ____ = 24   24 ÷ ____ = ____

____ × 4 = ____   ____ ÷ 4 = ____

____ × 4 = ____   ____ ÷ 4 = ____

____ × ____ = ____   ____ ÷ ____ = ____

____ × ____ = ____   ____ ÷ ____ = ____

Lección 17: Modelar la relación entre la multiplicación y la división.   73

2. El maestro acomoda 32 estudiantes en grupos de 4. ¿Cuántos grupos forma? Resuelve dibujando e identificando un diagrama de cinta.

3. El empleado de la tienda ordena 24 cepillos de dientes en 4 filas iguales. ¿Cuántos cepillos de dientes hay en cada fila?

4. Una maestra de arte tiene 40 pinceles y los distribuye equitativamente entre sus 4 estudiantes. Luego, encuentra 8 pinceles más y los distribuye equitativamente entre sus estudiantes. ¿Cuántos pinceles recibe cada estudiante?

UNA HISTORIA DE UNIDADES   Lección 18: Grupo de problemas 3•1

Nombre _____   Fecha _____

1. 8 × 10 = _____

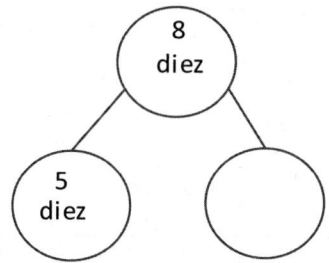

5 diez + _____ = 8 diez

(5 × 10) + (_____ × 10) = 8 × 10

50 + _____ = _____

8 × 10 = _____

2. 7 × 4 = _____

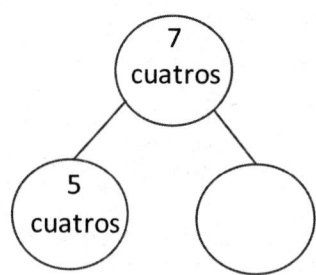

5 cuatros + _____ = 7 cuatros

(5 × 4) + (_____ × 4) = 7 × 4

20 + _____ = _____

7 × 4 = _____

3. 9 × 10 = _____

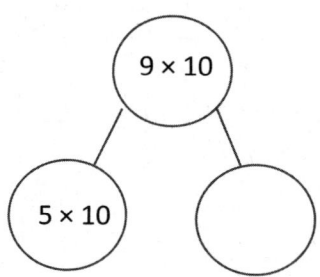

5 diez + _____ = 9 diez

(5 × 10) + (_____ × 10) = 9 × 10

_____ + _____ = _____

9 × 10 = _____

4. 10 × 10 = _____

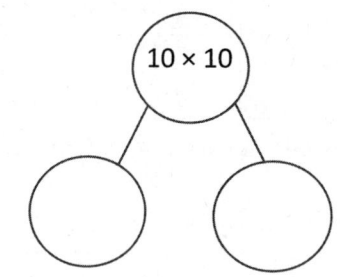

_____ + _____ = 10 diez

(_____ × 10) + (_____ × 10) = 10 × 10

_____ + _____ = _____

10 × 10 = _____

Lección 18:   Aplicar la propiedad distributiva para descomponer unidades.

5. Hay 7 equipos en el torneo de soccer. En cada equipo juegan diez niños. ¿Cuántos niños están jugando en el torneo? Usa la estrategia de separación y distribución y dibuja un vínculo numérico para resolverlo.

Hay _____ niños jugando en el torneo.

6. ¿Cuál es el número total de lados en 8 triángulos?

7. Hay 12 filas de bebidas embotelladas en la máquina expendedora. Cada fila tiene 10 botellas. ¿Cuántas botellas hay en la máquina expendedora?

Nombre _____ Fecha _____

1. Relaciona.

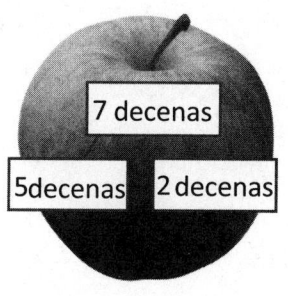  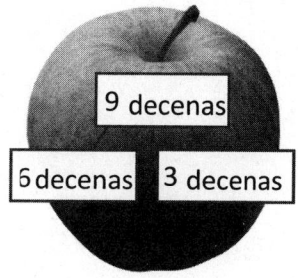 

7 decenas | 8 cuatros | 9 decenas | 7 tres
5 decenas 2 decenas | 5 cuatros 3 cuatros | 6 decenas 3 decenas | 5 tres 2 tres

(5 × 4) + (3 × 4) = 32 | (5 × 3) + (2 × 3) = 21 | (5 × 10) + (2 × 10) = 70 | (6 × 10) + (3 × 10) = 90

2. 9 × 4 = _____

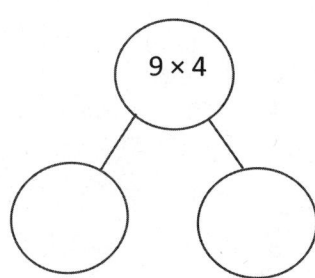

(_____ × 4) + (_____ × 4) = 9 × 4

_____ + _____ = _____

9 × 4 = _____

Lección 18: Aplicar la propiedad distributiva para descomponer unidades.

3. Lydia hace 10 panqueques. Ella coloca 4 arándanos sobre cada panqueque. ¿Cuántos arándanos usa Lydia en total? Usa la estrategia de separar y distribuir y dibuja un vínculo numérico para resolverlo.

Lydia usa _____ arándanos en total.

4. Steven resuelve 7×3 usando la estrategia de separar y distribuir. Muestra a continuación un ejemplo de cómo se vería el trabajo de Steven.

5. Hay 7 días en 1 semana. ¿Cuántos días hay en 10 semanas?

UNA HISTORIA DE UNIDADES   Lección 19: Grupo de problemas   3•1

Nombre _____   Fecha _____

1. Identifica la matriz. Luego, llena los espacios en blanco para que los enunciados numéricos sean verdaderos.

   a. 36 ÷ 3 = ___

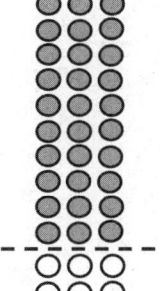

   (30 ÷ 3) = _____

   (6 ÷ 3) = _____

   (36 ÷ 3) = (30 ÷ 3) + (6 ÷ 3)
   = _10_ + ___
   = _12_

   b. ___ ÷ 5 = ___

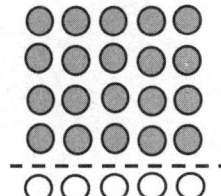

   (20 ÷ 5) = _4_

   (5 ÷ 5) = _____

   (25 ÷ 5) = (20 ÷ 5) + (5 ÷ 5)
   = _4_ + ___
   = _____

   c. 28 ÷ 4 = _____

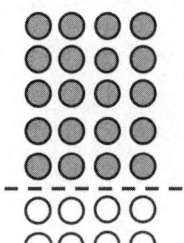

   (20 ÷ 4) = _____

   (___ ÷ 4) = ___

   (28 ÷ 4) = (20 ÷ 4) + (___ ÷ 4)
   = ___ + ___
   = _____

   d. 32 ÷ 4 = _____

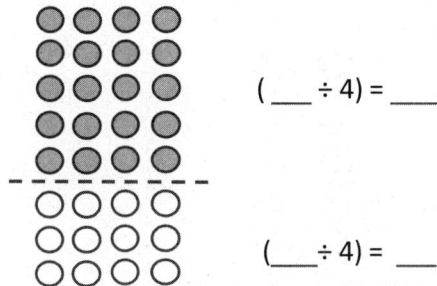

   (___ ÷ 4) = ___

   (___ ÷ 4) = ___

   (32 ÷ 4) = (___ ÷ 4) + (___ ÷ 4)
   = _____ + _____
   = _____

Lección 19:   Aplicar la propiedad distributiva para descomponer unidades.

2. Relaciona las expresiones que son iguales.

3. Nell dibuja la siguiente matriz para calcular la respuesta de 24 ÷ 2. Explica la estrategia de Nell.

Nombre _____ Fecha _____

1. Identifica la matriz. Luego, llena los espacios en blanco para que los enunciados numéricos sean verdaderos.

a. 18 ÷ 3 = _____

(9 ÷ 3) = 3

(9 ÷ 3) = ___

(18 ÷ 3) = (9 ÷ 3) + (9 ÷ 3)

= __3__ + _____

= __6__

b. 21 ÷ 3 = _____

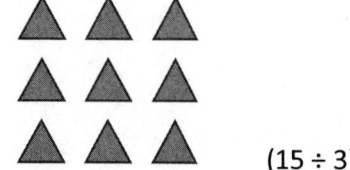

(15 ÷ 3) = 5

(6 ÷ 3) = _____

(21 ÷ 3) = (15 ÷ 3) + (6 ÷ 3)

= __5__ + _____

= ____

c. 24 ÷ 4 = _____

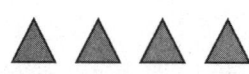

(20 ÷ 4) = _____

(4 ÷ 4) = _____

(24 ÷ 4) = (20 ÷ 4) + (____ ÷ 4)

= ____ + _____

= _____

d. 36 ÷ 4 = _____

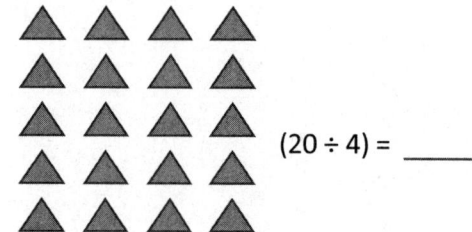

(20 ÷ 4) = _____

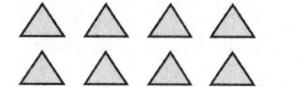

(16 ÷ 4) = _____

(36 ÷ 4) = (____ ÷ 4) + (____ ÷ 4)

= _____ + _____

= _____

Lección 19: Aplicar la propiedad distributiva para descomponer unidades.

2. Relaciona las expresiones que son iguales.

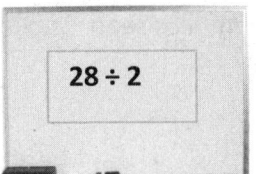
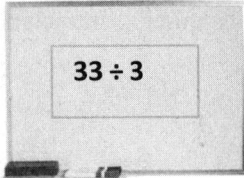
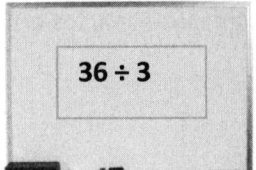
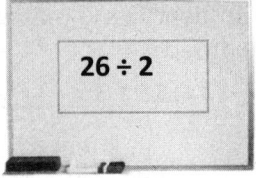

3. Alex dibuja la siguiente matriz para calcular la respuesta de 35 ÷ 5. Explica la estrategia de Alex.

Nombre _____ Fecha _____

1. Ted compra 3 libros y una revista en la librería. Cada libro cuesta $8. Cada revista cuesta $4.

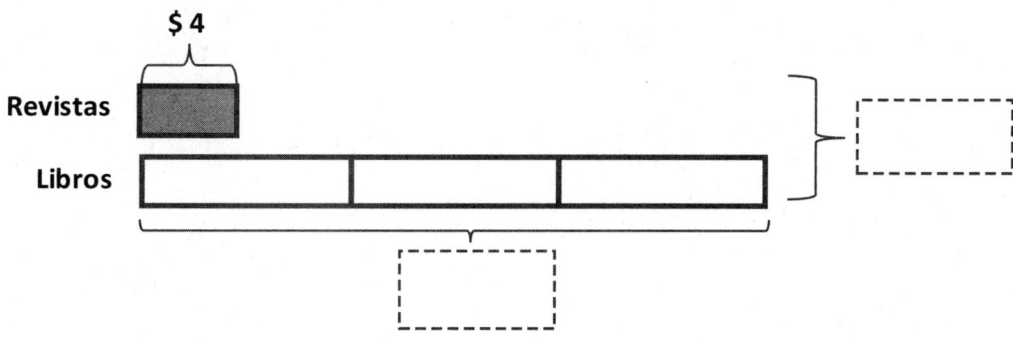

   a. ¿Cuál es el costo total de los libros?

   b. ¿Cuánto gastó Ted?

2. Siete niños comparten 28 plantillas por igual.

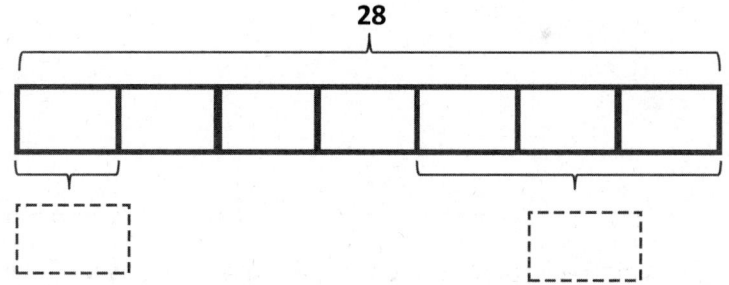

   a. ¿Cuántas plantillas recibe cada niño?

   b. ¿Cuántas plantillas reciben 3 niños?

3. Dieciocho vasos son empaquetados por igual en 6 cajas. Dos cajas de vasos se rompieron. ¿Cuántos vasos no se rompieron?

4. Hay 25 globos azules y 15 globos rojos en una fiesta. A cinco niños se les da un número igual de globos de cada color. ¿Cuántos globos azules y rojos se le da a cada niño?

5. Veintisiete peras son empaquetadas en bolsas de 3. Cinco bolsas de peras se vendieron. ¿Cuántas bolsas de peras sobran?

Nombre _____   Fecha _____

1. Jerry compra un paquete de lápices que cuesta $3. David compra 4 juegos de marcadores. Cada juego de marcadores también cuesta $3.

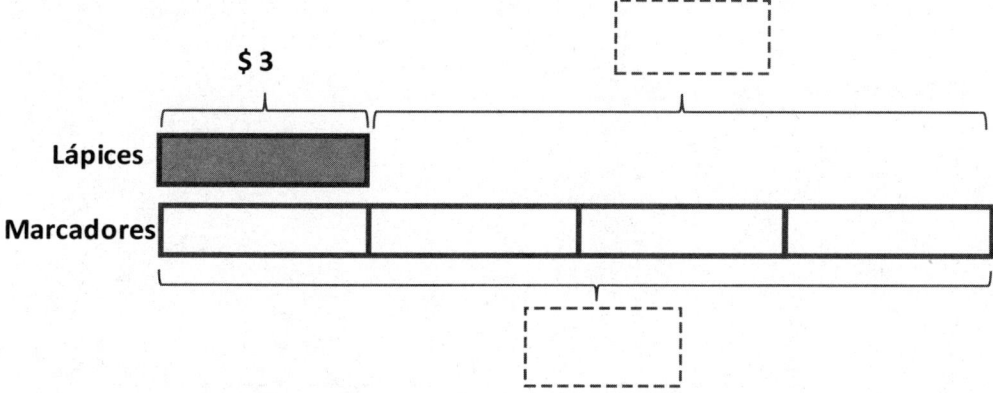

   a. ¿Cuál es el costo total de los marcadores?

   b. ¿Cuánto más gasta David en 4 juegos de marcadores de lo que Jerry gasta en un paquete de lápices?

---

2. Treinta estudiantes están comiendo el almuerzo en 5 mesas. Cada mesa tiene la misma cantidad de estudiantes.

   a. ¿Cuántos estudiantes están sentados en cada mesa?

   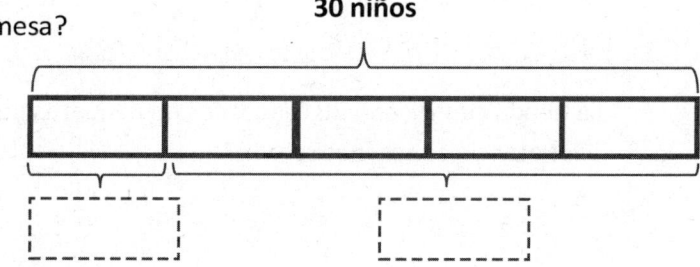

   b. ¿Cuántos estudiantes están sentados en 4 mesas?

Lección 20: Tarea

3. La maestra tiene 12 calcomanías verdes y 15 calcomanías púrpuras. A tres estudiantes se les da un número igual de calcomanías de cada color. ¿Cuántas calcomanías verdes y púrpuras recibe cada estudiante?

4. Tres amigos van a recolectar manzanas. Ellos recogen 13 manzanas el sábado y 14 manzanas el domingo. Comparten las manzanas por igual. ¿Cuántas manzanas recibe cada persona?

5. La tienda cuenta con 28 cuadernos en paquetes de 4. Tres paquetes de cuadernos son vendidos. ¿Cuántos paquetes de cuadernos sobran?

Nombre _____   Fecha _____

1. Jason gana $6 por semana por hacer todos sus deberes. En la quinta semana, olvida sacar la basura, así que solo gana $4. Escribe y resuelve una ecuación para mostrar cuánto gana Jason en 5 semanas.

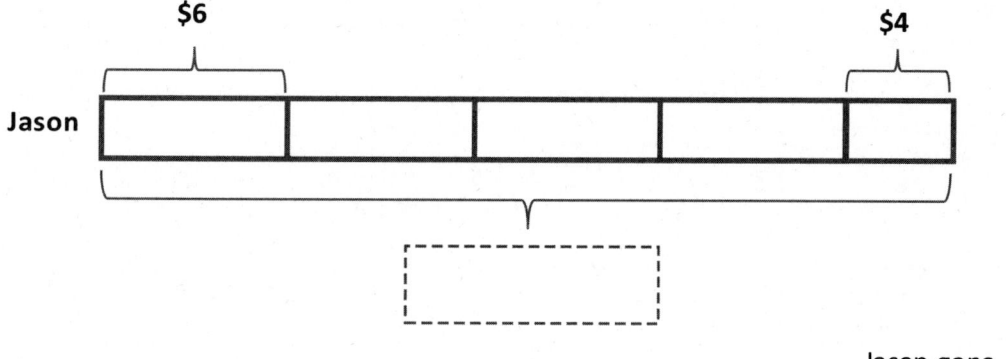

Jason gana _____.

---

2. La Srta. Lianto ordena 4 paquetes de 7 marcadores. Después de repartir 1 marcador a cada estudiante en su clase, le quedan 6. Identifica el diagrama de cinta para encontrar cuántos estudiantes hay en la clase de la Srta. Lianto.

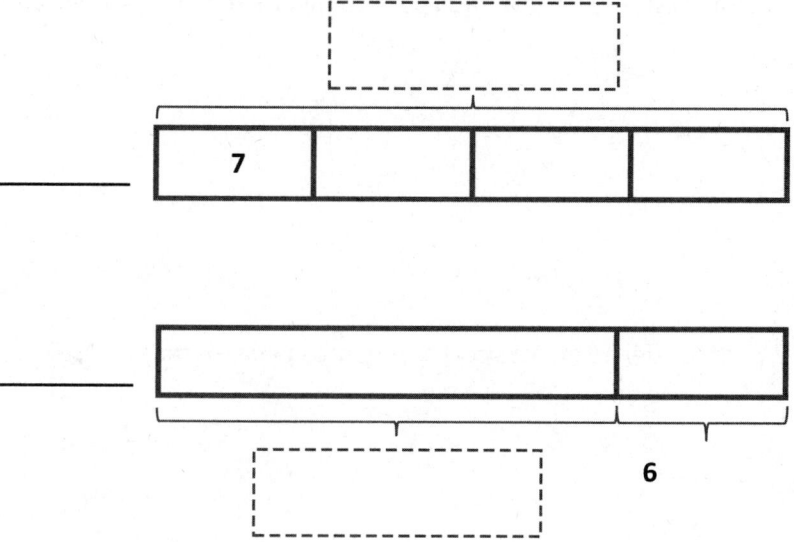

Hay _____ estudiantes en la clase de la Srta. Lianto.

3. Orlando compra una caja de 18 bocadillos de fruta. Cada caja viene con un número igual de bocadillos con sabor a fresa, cereza y uva. Él se come todos los bocadillos con sabor a uva. Dibuja e identifica un diagrama de cinta para descubrir cuántos bocadillos de fruta le quedan.

4. Eudora compra 21 metros de listón. Corta el listón para que cada pedazo mida 3 metros de longitud.

   a. ¿Cuántos pedazos de listón tiene?

   b. Si Eudora necesita un total de 12 pedazos del listón más corto, ¿cuántos pedazos más de listón corto necesita?

Nombre _____ Fecha _____

1. Tina come 8 galletas como bocadillo cada día en la escuela. El viernes, se le caen 3 y solo come 5. Escribe y resuelve una ecuación para mostrar el número total de galletas que Tina come durante la semana.

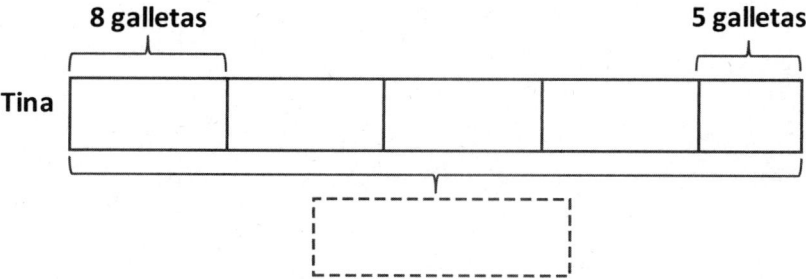

Tina come _____ galletas.

---

2. Ballio tiene una meta de lectura. Toma prestadas 3 cajas de 9 libros de la biblioteca. ¡Después de terminarlos, se da cuenta que superó su meta por 4 libros! Identifica los diagramas de cinta para encontrar la meta de lectura de Ballio.

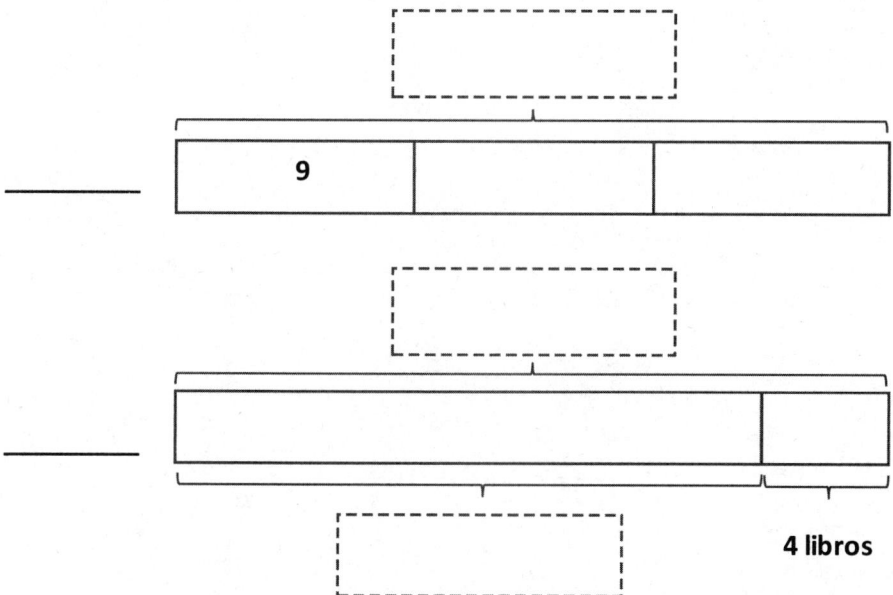

La meta de lectura de Ballio es de _____ libros.

3. El Sr. Nguyen planta 24 árboles alrededor del estanque del barrio. Planta números iguales de árboles de arce, pino, abeto y abedul. Riega los árboles de abeto y abedul antes de que oscurezca. ¿Cuántos árboles tiene que regar el Sr. Nguyen aún? Dibuja e identifica un diagrama de cinta.

4. Ana compra 24 semillas y planta 3 en cada maceta. Tiene 5 macetas. ¿Cuántas macetas más necesita Ana para plantar todas sus semillas?

Versión del estudiante

Eureka Math
3.er grado
Módulo 2

Un agradecimiento especial al Gordon A. Cain Center y al Departamento de Matemáticas de la Universidad Estatal de Luisiana por su apoyo en el desarrollo de *Eureka Math*.

Para obtener un paquete gratis de recursos de Eureka Math para maestros, Consejos para padres y más, por favor visite www.Eureka.tools

Publicado por la organización sin fines de lucro Great Minds®.

Copyright © 2017 Great Minds®.

Impreso en EE. UU.

Este libro puede comprarse directamente en la editorial en eureka-math.org

10 9 8 7 6 5 4

ISBN 978-1-68386-208-6

Nombre _____ Fecha _____

1. Usa un cronómetro. ¿Cuánto tiempo te tardas en chasquear tus dedos 10 veces?

   Me tardo _____ en chasquear los dedos 10 veces.

2. Usa un cronómetro. ¿Cuánto tiempo te tardas en escribir los números enteros del 0 al 25?

   Me tardo _____ en escribir los números enteros del 0 al 25.

3. Usa un cronómetro. ¿Cuánto tiempo te tardas en nombrar 10 animales? Escríbelos abajo.

   Me tardo _____ en nombrar 10 animales.

4. Usa un cronómetro. ¿Cuánto tiempo te tardas en escribir 7 × 8 = 56 quince veces? Registra el tiempo abajo.

   Me tardo _____ en escribir 7 × 8 = 56 quince veces.

Lección 1: Explorar el tiempo como una medida continua usando un cronómetro.

5. Trabaja con tu grupo. Usa un cronómetro para medir el tiempo de cada una de las siguientes actividades:

Actividad	Tiempo
Escribir tu nombre completo.	_____ segundos
Hacer 20 saltos de tijera.	
Murmurar contando de dos en dos desde 0 hasta 30.	
Dibujar 8 cuadrados.	
Contar en voz alta de cuatro en cuatro de 24 a 0.	
Decir los nombres de tus maestros desde Kindergarten hasta 3.er grado.	

6. **Relevos de 100 metros:** Usa un cronómetro para medir y registrar los tiempos de tu equipo.

Nombre	Tiempo
	Tiempo total:

Nombre _____ Fecha _____

1. La tabla a la derecha muestra cuánto tiempo se tardan los 5 estudiantes en correr 100 metros.

Samanta	19 segundos
Melanie	22 segundos
Chester	26 segundos
Dominique	18 segundos
Louie	24 segundos

   a. ¿Quién es el corredor más rápido?

   b. ¿Quién es el corredor más lento?

   c. ¿Cuántos segundos corrió más rápido Samanta que Louie?

2. Enumera las actividades en casa que se tardan aproximadamente las siguientes cantidades de tiempo en completar. Si no tienes un cronómetro, puedes usar la estrategia de contar *1 Mississippi, 2 Mississippi, 3 Mississippi, …*.

Tiempo	Actividades en casa
30 segundos	Ejemplo: Atarte las agujetas
45 segundos	
60 segundos	

Lección 1: Explorar el tiempo como una medida continua usando un cronómetro.

3. Relaciona el reloj analógico con el reloj digital correcto.

07:05

11:00

10:15

02:50

Nombre _____ Fecha _____

1. Sigue las instrucciones para identificar la siguiente recta numérica.

<----|----|----|----|----|----|----|----|----|----|----|----|---->

a. Ingrid se prepara para ir a la escuela entre las 7:00 a.m. y las 8:00 a.m. Identifica la primera y la última marca como 7:00 a.m. y 8:00 a.m.

b. Cada intervalo representa 5 minutos. Cuenta de cinco en cinco empezando en 0 o las 7:00 a.m. Identifica cada intervalo de 5 minutos debajo de la recta numérica hasta las 8:00 a.m.

c. Ingrid empieza a vestirse a las 7:10 a.m. Traza un punto en la recta numérica para representar esta hora. Arriba del punto, escribe D.

d. Ingrid empieza a desayunar a las 7:35 a.m. Traza un punto en la recta numérica para representar esta hora. Arriba del punto, escribe E.

e. Ingrid empieza a lavarse los dientes a las 7:40 a.m. Traza un punto en la recta numérica para representar esta hora. Arriba del punto, escribe T.

f. Ingrid empieza a guardar su almuerzo a las 7:45 a.m. Traza un punto en la recta numérica para representar esta hora. Arriba del punto, escribe L.

g. Ingrid empieza a esperar el autobús a las 7:55 a.m. Traza un punto en la recta numérica para representar esta hora. Arriba del punto, escribe W.

2. Identifica cada 5 minutos abajo de la recta numérica mostrada. Dibuja una línea desde cada reloj al punto en la recta numérica que muestra esa hora. No todos los relojes tienen puntos relacionados.

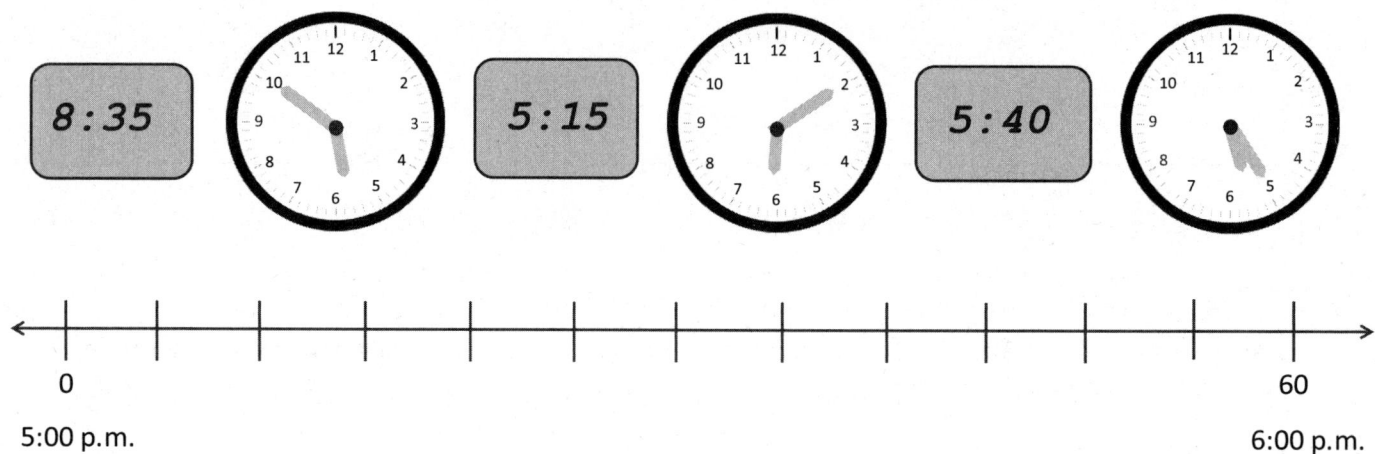

3. Noé usa una recta numérica para localizar las 5:45 p.m. Cada intervalo es de 5 minutos. La recta numérica muestra la hora desde las 5 p.m. hasta las 6 p.m. Identifica la siguiente recta numérica para mostrar su trabajo.

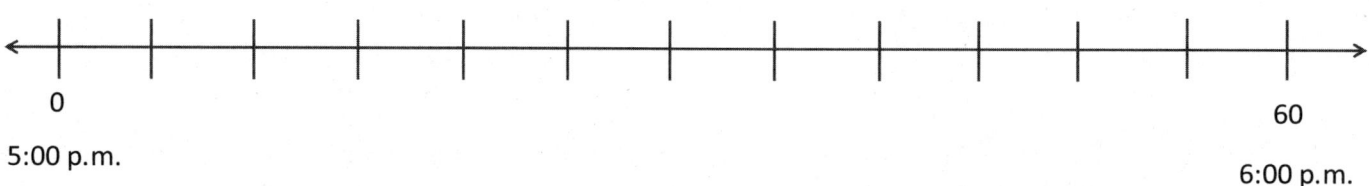

4. Tanner le dice a su hermanito que las 11:25 p.m. vienen después de las 11:20 a.m. ¿Estás de acuerdo con Tanner? ¿Por qué sí o por qué no?

Nombre _____ Fecha _____

Sigue las instrucciones para identificar la siguiente recta numérica.

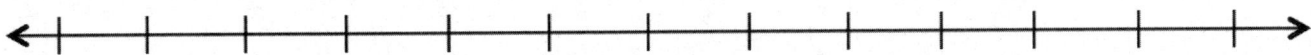

a. El equipo de baloncesto practica entre las 4:00 p.m. y las 5:00 p.m. Identifica la primera y la última marca como 4:00 p.m. y 5 p.m.

b. Cada intervalo representa 5 minutos. Cuenta de cinco en cinco empezando en 0 o las 4:00 p.m. Identifica cada intervalo de 5 minutos debajo de la recta numérica hasta las 5:00 p.m.

c. El equipo calienta a las 4:05 p.m. Traza un punto en la recta numérica para representar esta hora. Arriba del punto, escribe W.

d. El equipo hace tiros libres a las 4:15 p.m. Traza un punto en la recta numérica para representar esta hora. Arriba del punto, escribe F.

e. El equipo juega un juego de práctica a las 4:25 p.m. Traza un punto en la recta numérica para representar esta hora. Arriba del punto, escribe G.

f. El equipo tiene un descanso para tomar agua a las 4:50 p.m. Traza un punto en la recta numérica para representar esta hora. Arriba del punto, escribe B.

g. El equipo repasa sus jugadas a las 4:55 p.m. Traza un punto en la recta numérica para representar esta hora. Arriba del punto, escribe P.

Esta página se dejó en blanco intencionalmente

UNA HISTORIA DE UNIDADES Lección 2: Plantilla 1 3•2

diagrama de cinta

Lección 2: Relacionar el conteo de cinco en cinco en el reloj y dar la hora con un modelo de la medición continua, la recta numérica.

Esta página se dejó en blanco intencionalmente

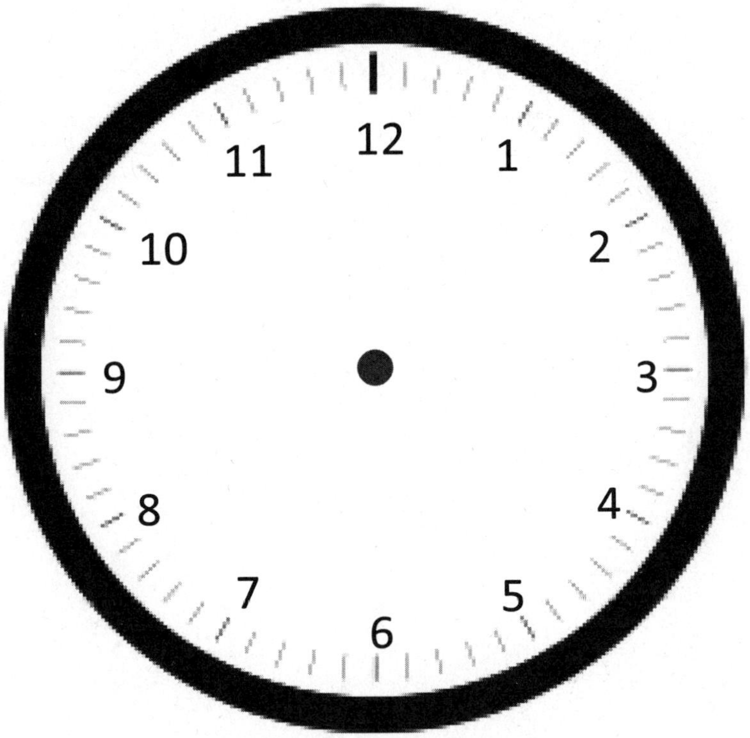

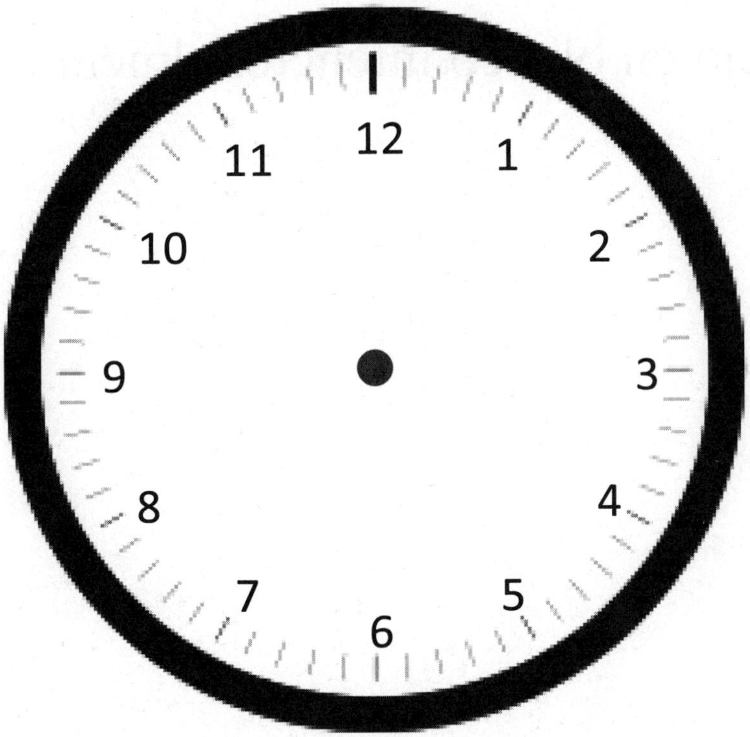

UNA HISTORIA DE UNIDADES　　　　　　　　　　Lección 2: Plantilla 2　　3•2

dos relojes

Lección 2: Relacionar el conteo de cinco en cinco en el reloj y dar la hora con un modelo de la medición continua, la recta numérica.

101

Esta página se dejó en blanco intencionalmente

Nombre _____ Fecha _____

1. Traza un punto en la recta numérica para las horas mostradas en los relojes a continuación. Después, dibuja una línea para relacionar el reloj con los puntos.

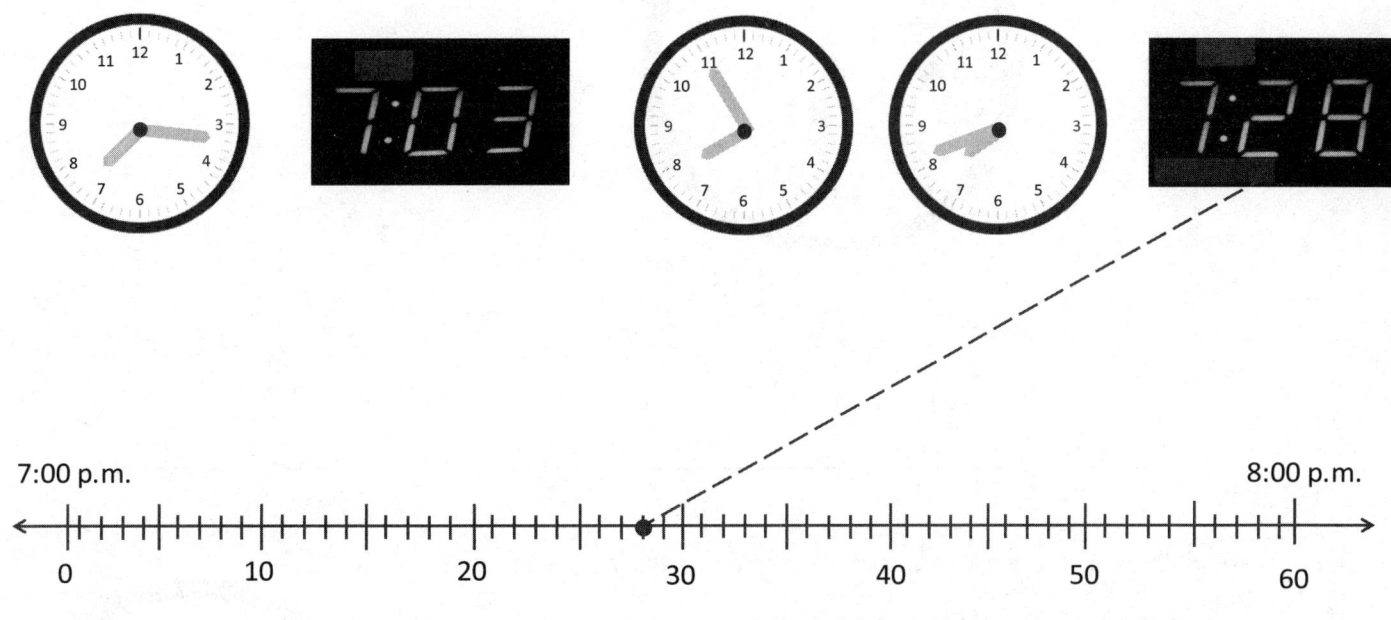

2. Jessie se levantó esta mañana a las 6:48 p.m. Dibuja las manecillas en el reloj a continuación para mostrar a qué hora se levantó Jessie.

3. La Sra. Barnes inicia su clase de matemáticas a las 8:23 a.m. Dibuja las manecillas en el reloj a continuación para mostrar a qué hora la Sra. Barnes inicia su clase de matemáticas.

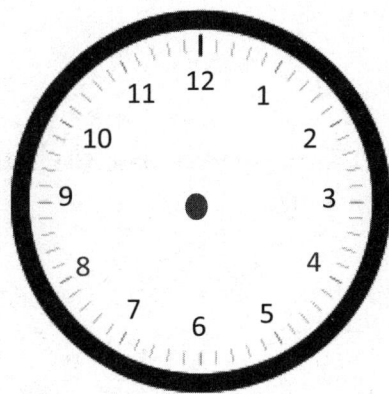

4. ¿El reloj muestra la hora en que Rebeca termina su tarea? ¿A qué hora Rebeca termina su tarea?

Rebeca termina su tarea a las _____.

5. El reloj de abajo muestra a qué hora la mamá de Mason lo lleva a su práctica.

   a. ¿A qué hora lo lleva la mamá de Mason?

   b. El entrenador de Mason llegó 11 minutos antes que Mason. ¿A qué hora llegó el entrenador de Mason?

Nombre _____ Fecha _____

1. Traza los puntos en la recta numérica en cada hora mostrada en el reloj a continuación. Entonces, dibuja unas líneas para relacionar el reloj con los puntos.

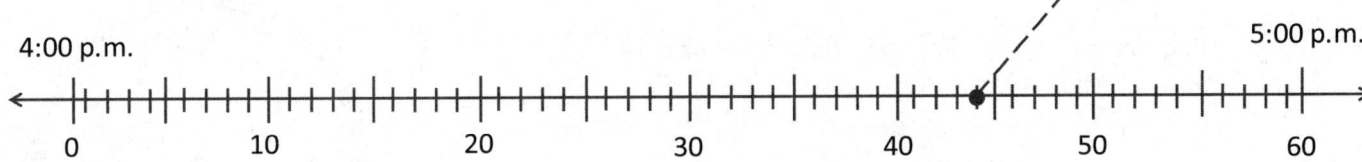

2. Julia cena a las 6:07 p.m. Dibuja las manecillas en el reloj a continuación para mostrar a qué hora cena.

3. P.E. empieza a la 1:32 p.m. Dibuja las manecillas en el reloj a continuación para mostrar a qué hora empieza P.E.

4. El reloj muestra la hora en que Zacarías empieza a jugar con sus figuras de acción.

   a. ¿A qué hora empieza a jugar con sus figuras de acción?

   Inicia

   b. Él juega con sus figuras de acción por 23 minutos. ¿A qué hora termina de jugar?

   c. Dibuja las manecillas en el reloj de la derecha para mostrar la hora en que Zacarías terminó de jugar.

   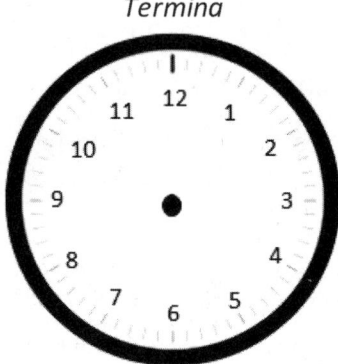
   Termina

   d. Marca la primera y la última raya a las 2:00 p.m. y 3:00 p.m. Después, traza la hora en que Zacarías empezó y terminó. Identifica su hora de inicio con una B y la hora en que terminó con una F.

   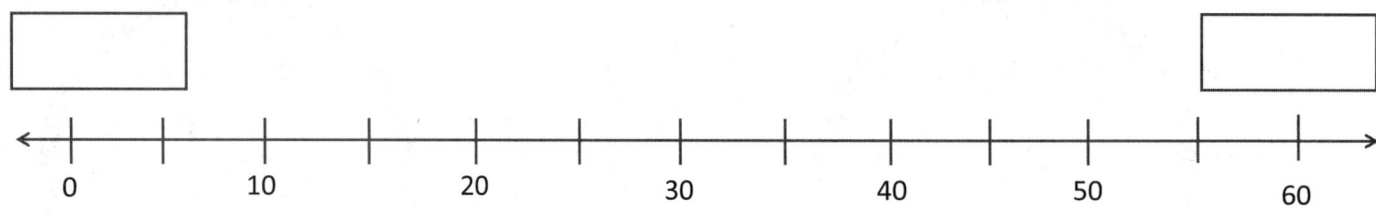

UNA HISTORIA DE UNIDADES — Lección 3: Plantilla 3•2

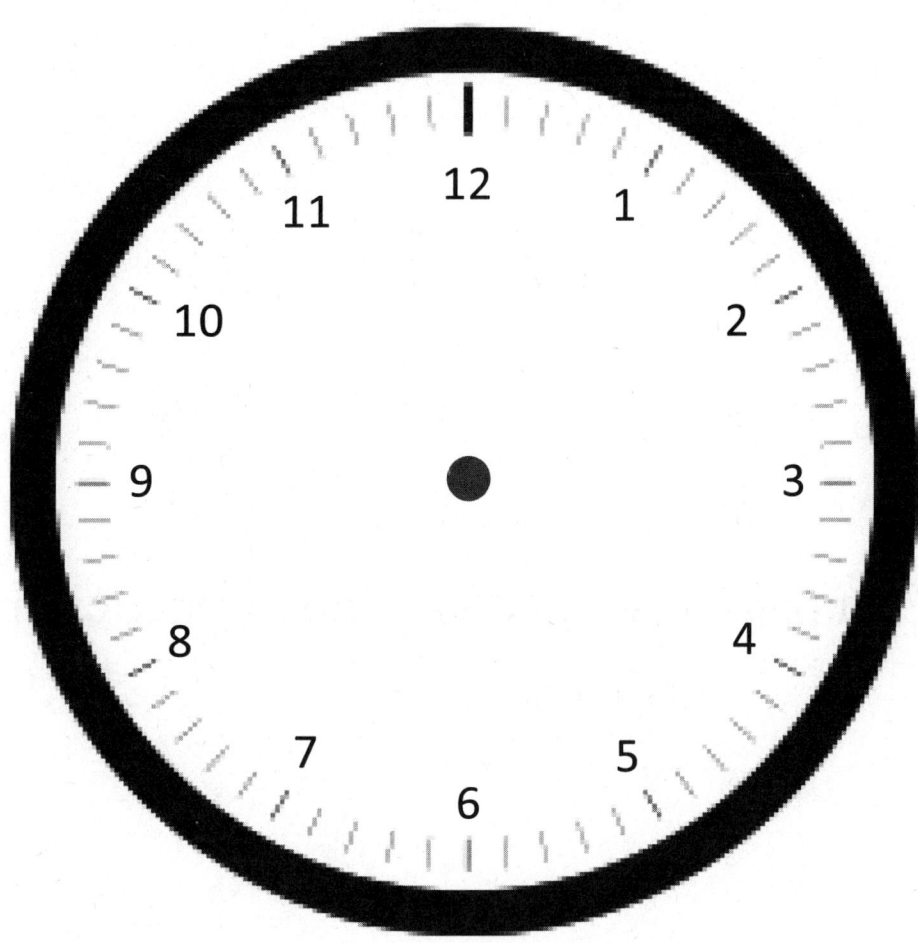

_____
reloj

Lección 3: Contar de cinco en cinco y de uno en uno en la recta numérica como estrategia para dar la hora redondeándola al minuto más cercano en el reloj.

Esta página se dejó en blanco intencionalmente

UNA HISTORIA DE UNIDADES Lección 4: Grupo de problemas 3•2

Nombre _____ Fecha _____

Usa una recta numérica para resolver los Problemas 1 al 5.

1. Cole empieza a leer a las 6:23 p.m. Deja de leer a las 6:49 p.m. ¿Cuántos minutos leyó Cole?

   Cole lee durante _____ minutos.

2. Natalia termina su práctica de piano a las 2:45 después de practicar durante 37 minutos. ¿A qué hora empezó la práctica de Natalia?

   La práctica de Natalia empezó a las _____ p.m.

3. Genoveva trabaja en su libro de recortes de las 11:27 a.m. a las 11:58 a.m. ¿Cuántos minutos trabajó en su libro de recortes?

   Genoveva trabajó en su libro de recortes durante _____ minutos.

4. Nate terminó su tarea a las 4:47 p.m. después de trabajar durante 38 minutos. ¿A qué hora empezó Nate su tarea?

   Nate empezó su tarea a las _____ p.m.

5. Andrea va a pescar a las 9:03 a.m. Pesca durante 49 minutos. ¿A qué hora terminó de pescar Andrea?

   Andrea terminó de pescar a las _____ a.m.

Lección 4: Resolver problemas escritos que involucran intervalos de tiempo dentro del rango de 1 hora al contar hacia atrás y adelante usando la recta numérica y el reloj.

6. Dion camina a la escuela. Los relojes a continuación muestran cuándo sale de su casa y cuándo llega a la escuela. ¿Cuántos minutos se tarda Dion en caminar a la escuela?

Dion sale de su casa: *Dion llega a la escuela:*

7. Sydney limpia su recámara durante 45 minutos. Empieza a las 11:13 a.m. ¿A qué hora termina Sydney de limpiar su recámara?

8. El coro de tercer grado realiza un musical para la escuela. El musical dura 42 minutos y termina a la 1:59 p.m. ¿A qué hora empieza el musical?

Nombre _____ Fecha _____

Registra la hora de inicio de tu tarea en el reloj del Problema 6.

Usa una recta numérica para resolver los Problemas 1 al 4.

1. La mamá de Joy empieza a caminar a las 4:12 p.m. Deja de caminar a las 4:43 p.m. ¿Cuántos minutos camina?

   La mamá de Joy camina durante _____ minutos.

2. Cassie termina su práctica de softbol a las 3:52 p.m. después de practicar durante 30 minutos. ¿A qué hora empezó la práctica de Cassie?

   La práctica de Cassie empezó a las _____ p.m.

3. Jordie construye un modelo de las 9:14 a.m. a las 9:47 a.m. ¿Cuántos minutos trabajó Jordie construyendo su modelo?

   Jordie construyó durante _____ minutos.

4. Cara termina de leer a las 2:57 p.m. Lee durante un total de 46 minutos. ¿A qué hora empezó a leer Cara?

   Cara empezó a leer a las _____ p.m.

5. Jenna y su mamá toman un autobús al centro comercial. Los relojes a continuación muestran cuándo salen de su casa y cuándo llegan al centro comercial. ¿Cuántos minutos se tardan en llegar al centro comercial?

Hora en la que salen de su casa:

Hora en la que llegan al centro comercial.

6. Registra la hora de inicio de tu tarea.   Registra la hora en la que terminaste los Problemas 1-5.

¿Cuántos minutos trabajaste en los Problemas 1-5?

UNA HISTORIA DE UNIDADES — Lección 4: Plantilla 3•2

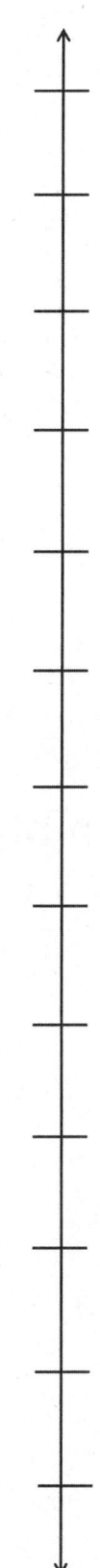

recta numérica

Esta página se dejó en blanco intencionalmente

Nombre _____ Fecha _____

1. Cole leyó su libro durante 25 minutos ayer y durante 28 minutos hoy. ¿Cuántos minutos leyó Cole en total? Representa el problema en la recta numérica y escribe una ecuación para resolver.

Cole leyó durante _____ minutos.

2. Tessa pasa 34 minutos bañando a su perro. ¡Tarda 12 minutos en ponerle champú y enjuague y el resto del tiempo lo emplea en poner al perro en la bañera! ¿Cuántos minutos pasa Tessa poniendo al perro en la bañera? Dibuja una recta numérica para representar el problema y escribe una ecuación para resolver.

3. Tessa pasea a su perro durante 47 minutos. Jeremiah pasea a su perro durante 30 minutos. ¿Cuántos minutos más pasea Tessa a su perro que Jeremiah al suyo?

Lección 5: Resolver problemas escritos que involucren intervalos de tiempo dentro de 1 hora al sumar y restar en la recta numérica.

4. a. Austin tarda 4 minutos en sacar la basura, 12 minutos en lavar los platos y 13 minutos para limpiar el suelo de la cocina. ¿Cuánto tarda Austin en hacer sus quehaceres?

b. El bus de Austin llega a las 7:55 a.m. Si él empieza sus quehaceres a las 7:30 a.m., ¿terminará a tiempo para tomar el bus? Explica tu razonamiento.

5. El gato de Gilberto duerme en el sol durante 23 minutos. Se despierta a la hora que se indica en el reloj de abajo. ¿A qué hora se fue a dormir el gato?

Nombre _____ Fecha _____

1. Abby pasó 22 minutos trabajando en su proyecto de ciencias ayer y 34 minutos trabajando en el mismo hoy. ¿Cuántos minutos pasó Abby trabajando en su proyecto de ciencias en total? Representa el problema en la recta numérica y escribe una ecuación para resolver.

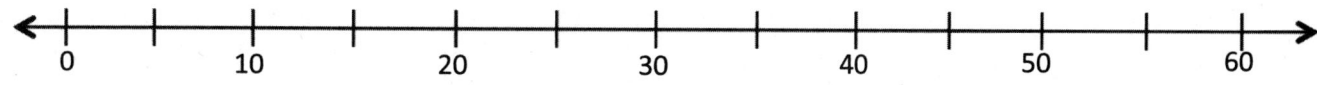

Abby pasó _____ minutos trabajando en su proyecto de ciencia.

2. Susanna pasa un total de 47 minutos trabajando en su proyecto. ¿Cuántos minutos más que Susanna pasa Abby trabajando? Dibuja una recta numérica para modelar el problema y escribe una ecuación para resolver.

3. Peter practica el violín durante un total de 55 minutos durante el fin de semana. Él practica durante 25 minutos el sábado. ¿Cuántos minutos practica el domingo?

4. a. Marcus trabaja en el jardín. Él quita la maleza durante 18 minutos, riega durante 13 minutos y planta durante 16 minutos. ¿Cuántos minutos en total pasa trabajando el jardín?

b. Marcus desea ver una película que empieza a las 2:55 p.m. Tarda 10 minutos en llegar al cine. Si Marcus comienza el trabajo en el patio a las 2:00 p.m., ¿puede llegar a tiempo para la película? Explica tu razonamiento.

5. Arelli hace una siesta corta después de la escuela. Cuando ella se duerme, el reloj marca las 3:03 p.m. Ella se despierta a la hora que se muestra abajo. ¿Cuánto dura la siesta de Arelli?

Nombre _____ Fecha _____

1. Ilustra y describe el proceso de hacer un peso de 1 kilogramo.

2. Ilustra y describe el proceso de descomponer 1 kilogramo en grupos de 100 gramos.

3. Ilustra y describe el proceso de descomponer 100 gramos en grupos de 10 gramos.

4. Ilustra y describe el proceso de descomponer 10 gramos en grupos de 1 gramo.

5. Compara las dos tablas de valor posicional a continuación. ¿Cómo la exploración de hoy que usa kilogramos y gramos se relaciona con tu comprensión del valor posicional?

1 kilogramo	100 gramos	10 gramos	1 gramo

Millares	Centenas	Decenas	Unidades

Nombre _____ Fecha _____

1. Usa la tabla como ayuda para contestar las siguientes preguntas:

1 kilogramo	100 gramos	10 gramos	1 gramo

a. Isaías pone una pesa de 10 gramos en una balanza de platillos. ¿Cuántas pesas de 1 gramo necesitas para equilibrar la balanza?

b. A continuación, Isaías pone una pesa de 100 gramos en una balanza de platillos. ¿Cuántas pesas de 10 gramos necesita para equilibrar la balanza?

c. Isaías luego pone una pesa de un kilogramo en una balanza de platillos. ¿Cuántas pesas de 100 gramos necesita para equilibrar la balanza?

d. ¿Qué patrón observas en las Partes (a-c)?

2. Lee cada balanza digital. Escribe cada peso usando la palabra *kilogramo* o *gramo* para cada medición.

_____ _____ _____

_____ _____ _____

UNA HISTORIA DE UNIDADES

Lección 7: Grupo de problemas 3•2

Nombre _____ Fecha _____

Trabaja con un compañero. Usa los pesos correspondientes para estimar el peso de los objetos en el salón de clases. Luego revisa tu estimación pesando en la balanza.

A.

Objetos que pesan aproximadamente **1 kilogramo**.	Peso real

B.

Objetos que pesan aproximadamente **100 gramos**.	Peso real

C.

Objetos que pesan aproximadamente **10 gramos**.	Peso real

D.

Objetos que pesan aproximadamente **1 gramo**.	Peso real

Lección 7: Desarrollar estrategias de estimación analizando el peso en kilogramos de una serie de objetos familiares para establecer medidas de referencia mentales.

E. Encierra en un círculo la unidad de peso correcta para cada estimación.

1. Una caja de cereal pesa aproximadamente 350 (gramos / kilogramos).

2. Una sandía pesa aproximadamente 3 (gramos / kilogramos).

3. Una tarjeta postal pesa aproximadamente 6 (gramos / kilogramos).

4. Un gato pesa aproximadamente 4 (gramos / kilogramos).

5. Una bicicleta pesa aproximadamente 15 (gramos / kilogramos).

6. Un limón pesa aproximadamente 58 (gramos / kilogramos).

F. Durante la exploración, Derrick encuentra que su botella de agua pesa lo mismo que una bolsa de arroz de 1 kilogramo. Luego exclama: "La computadora portátil de nuestra clase pesa lo mismo que 2 botellas de agua". ¿Cuánto pesa la computadora portátil en kilogramos? Explica tu razonamiento.

G. Nessa le dice a su hermano que 1 kilogramo de arroz pesa lo mismo que 10 bolsas que contienen 100 gramos de frijoles cada una. ¿Estás de acuerdo con ella? Explica por qué sí o por qué no.

Nombre _____ Fecha _____

1. Relaciona cada objeto con su peso aproximado.

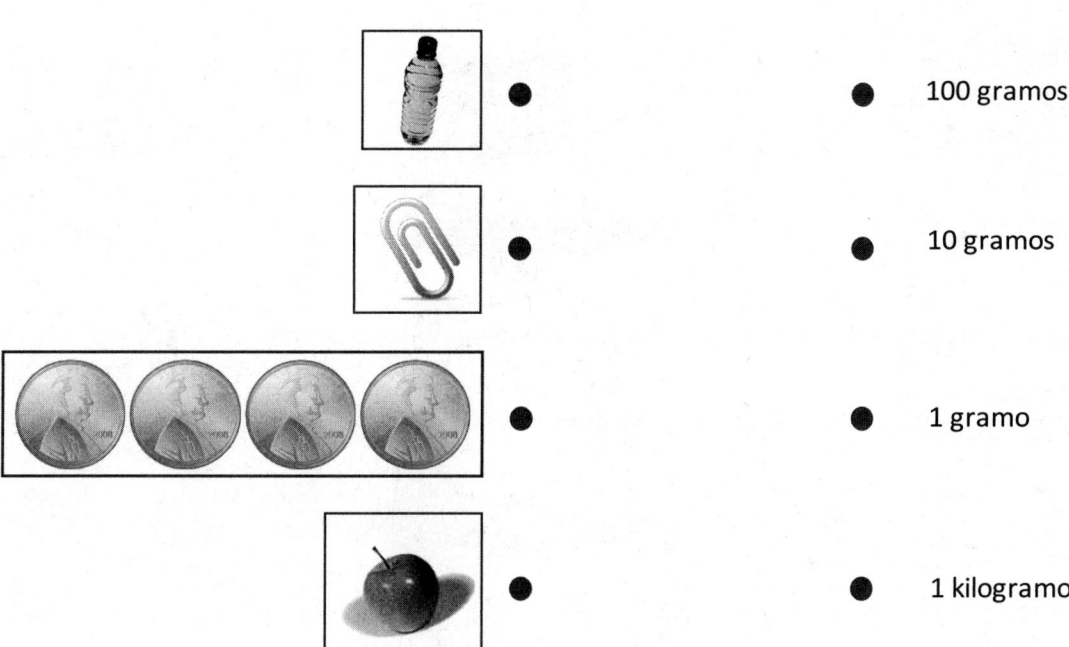

2. Alicia y Jeremy pesan un teléfono celular en una balanza digital. Ellos escriben 113 pero olvidan registrar la unidad. ¿Cuál unidad de medida es la correcta, gramos o kilogramos? ¿Cómo lo sabes?

3. Lee y escribe los siguientes pesos. Escribe la palabra *kilogramo o gramos* con la medida).

_____

_____

_____

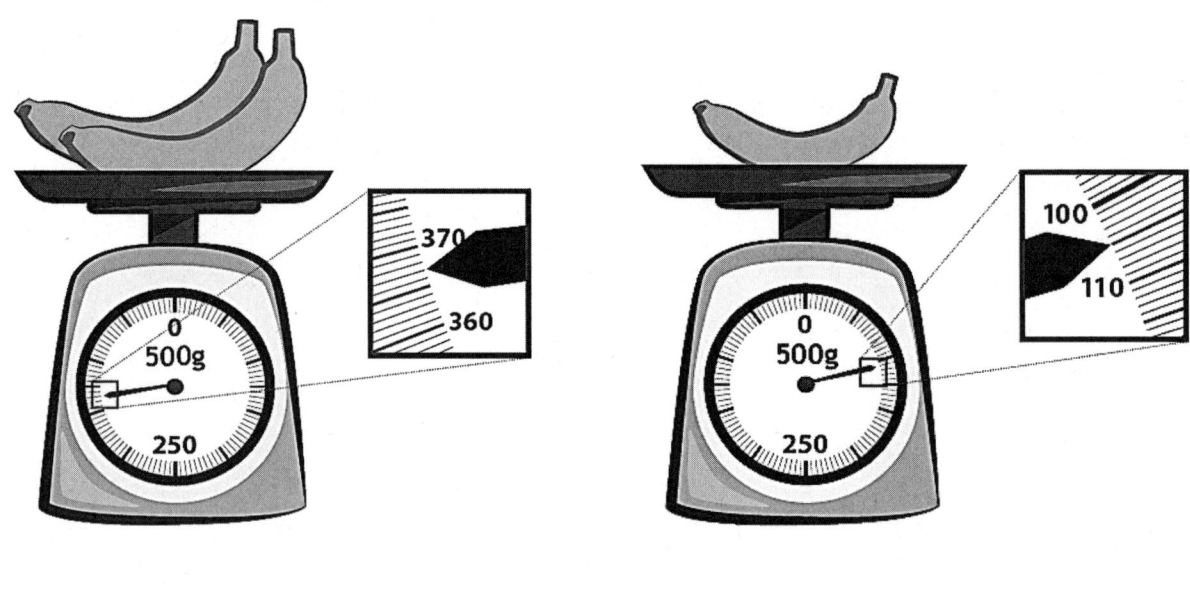

_____   _____

UNA HISTORIA DE UNIDADES — Lección 8: Grupo de problemas 3•2

Nombre _____ Fecha _____

1. Tim va al mercado a comprar frutas y verduras. Pesa algunos ejotes y algunas uvas.

Enumera los pesos de los ejotes y las uvas.

Los ejotes pesan _____ gramos.

Las uvas pesan _____ gramos.

2. Usa un diagrama de cinta para representar los siguientes problemas. Keiko y su hermano Jiro se pesan en el consultorio del doctor. Keiko pesa 35 kilogramos y Jiro pesa 43 kilogramos.

   a. ¿Cuál es el peso total de Keiko y Jiro juntos?

   Keiko y Jiro pesan _____ kilogramos.

   b. ¿Cuántos kilos más que Keiko pesa Jiro?

   Jiro es _____ kilogramos más pesado que Keiko.

Lección 8: Resolver problemas escritos de un solo paso que involucran pesos métricos dentro de 100 y estimar para razonar las soluciones.

3. Jared estima que su planta de interior pesa tanto como una bola de boliche de 5 kilogramos. Dibuja un diagrama de cinta para estimar el peso de 3 plantas de interior.

4. Jane y sus 8 amigas van a recoger manzanas. Comparten lo que recogen por igual. El peso total de las manzanas que recolectaron se muestra a la derecha.

   a. ¿Aproximadamente cuántos kilogramos de manzanas se llevará a casa Jane?

   b. Jane estima que una calabaza pesa aproximadamente tanto como su porción de manzanas. ¿Aproximadamente cuánto pesan 7 calabazas juntas?

Nombre _____ Fecha _____

1. Los pesos de 3 canastas con frutas se muestran abajo.

Canasta A   Canasta B   Canasta C
12 kg   8 kg   16 kg

   a. La canasta _____ es la más pesada.

   b. La canasta _____ es la más ligera.

   c. La canasta A es _____ kilogramos más pesada que la canasta B.

   d. ¿Cuál es el peso total de las tres canastas?

2. Cada diario pesa aproximadamente 280 gramos. ¿Cuál es el peso total de 3 diarios?

3. La Srta. Ríos compró 453 gramos de fresas. Después de preparar batidos, le quedan 23 gramos. ¿Cuántos gramos de fresas usó?

4. El papá de Andrea pesa 57 kilogramos más que Andrea. Andrea pesa 34 kilogramos.

   a. ¿Cuánto pesa el papá de Andrea?

   b. ¿Cuánto pesan Andrea y su papá en total?

5. La abuela de Jennifer compró zanahorias en el puesto de la granja. Ella y sus 3 nietos comparten las zanahorias por partes iguales. El peso total de las zanahorias que compró se muestra abajo.

   a. ¿Cuántos kilogramos de zanahorias recibirá Jennifer?

   b. Jennifer usó 2 kilogramos de zanahorias para hornear panqués. ¿Cuántos kilogramos de zanahorias le quedan?

Nombre _____   Fecha _____

Parte 1

a. Predice si cada contenedor contiene menos que, más que o casi la misma cantidad que 1 litro.

El Contenedor 1 contiene   menos que / más que / casi la misma cantidad que   1 litro.   Real:

El Contenedor 2 contiene   menos que / más que / casi la misma cantidad que   1 litro.   Real:

El Contenedor 3 contiene   menos que / más que / casi la misma cantidad que   1 litro.   Real:

El Contenedor 4 contiene   menos que / más que / casi la misma cantidad que   1 litro.   Real:

b. ¿Después de medir, qué te sorprendió? ¿Por qué?

Parte 2

c. Ilustra y describe el proceso de descomponer 1 litro de agua en 10 unidades más pequeñas.

Lección 9: Descomponer un litro para razonar sobre el tamaño de 1 litro, 100 mililitros, 10 mililitros y 1 mililitro.

131

d. Ilustra y describe el proceso de descomponer la taza K en 10 unidades más pequeñas.

e. Ilustra y describe el proceso de descomponer la taza L en 10 unidades más pequeñas.

f. ¿En qué es igual descomponer 1 litro en mililitros y descomponer 1 kilogramo en gramos?

g. Un litro de agua pesa 1 kilogramo. ¿Cuánto pesa 1 mililitro de agua? Explica cómo lo sabes.

UNA HISTORIA DE UNIDADES

Lección 9: Tarea

Nombre _____ Fecha _____

1. Encuentra contenedores en casa que tengan una capacidad de más o menos 1 litro. Usa las marcas en los contenedores para ayudarte a identificarlos.

    a.

Nombre del contenedor
Ejemplo: Caja de jugo de naranja.

    b. Dibuja los contenedores. ¿Cómo se comparan sus tamaños y formas?

2. El doctor le prescribe a la Sra. Larson 5 mililitros de medicina cada día por 3 días. ¿Cuántos mililitros de medicina tomará ella en total?

Lección 9: Descomponer un litro para razonar sobre el tamaño de 1 litro, 100 mililitros, 10 mililitros y 1 mililitro.

UNA HISTORIA DE UNIDADES

Lección 9: Tarea 3•2

3. La Sra. Goldstein vierte 3 cajas de jugo en un recipiente para hacer ponche. Cada caja de jugo contiene 236 mililitros. ¿Cuánto jugo vierte la Sra. Goldstein en el recipiente?

4. La pecera de Daniel contiene 24 litros de agua. Él usa un balde de 4 litros para llenar la pecera. ¿Cuántos baldes de agua se necesitan para llenar la pecera?

5. Sheila compra 15 litros de pintura para pintar su casa. Ella vierte la pintura equitativamente en 3 baldes. ¿Cuántos litros de pintura hay en cada balde?

UNA HISTORIA DE UNIDADES **Lección 10: Grupo de problemas 3•2**

Nombre _____ Fecha _____

1. Marca la recta numérica vertical en el contenedor a la derecha. Responde las siguientes preguntas.

    a. ¿Qué marcaste en la marca del punto medio? ¿Por qué?

    b. Explica cómo verter cada taza de plástico con agua ayudó a crear una recta numérica vertical.

    c. Si sacas 300 ml de agua, ¿cuántos ml quedan en el contenedor?

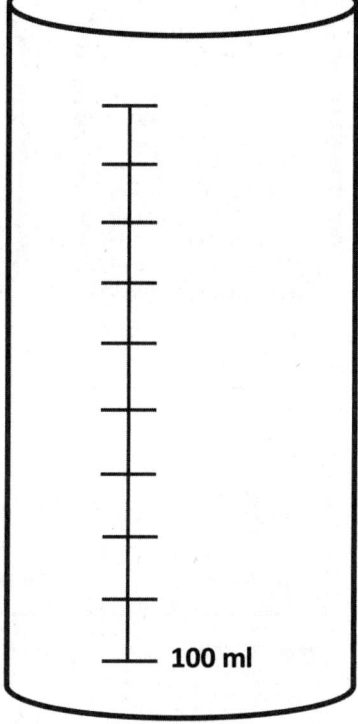

2. ¿Cuánto líquido hay en cada contenedor?

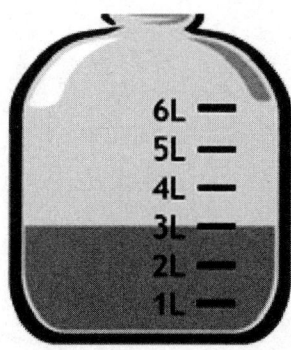 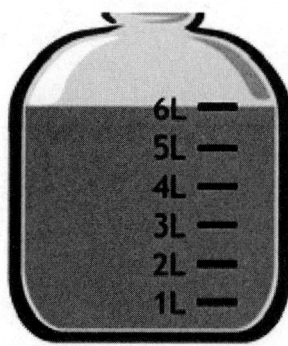 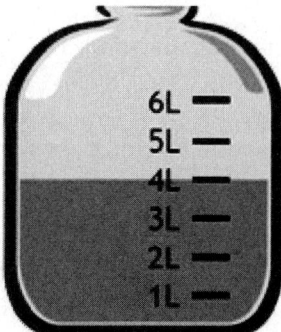 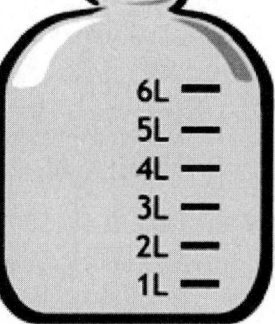

_____ _____ _____ _____

Lección 10: Estimar y medir el volumen de un líquido en litros y mililitros usando la recta numérica vertical.

3. Estima la cantidad de líquido en cada contenedor redondeándolo a la centena más cercana de mililitros.

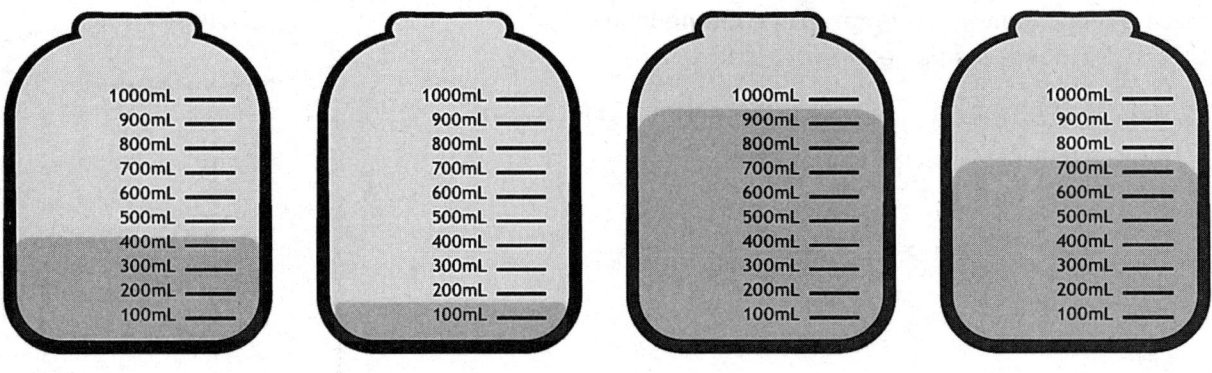

_____   _____   _____   _____

4. La tabla de abajo muestra la capacidad de 4 barriles.

Barril A	75 litros
Barril B	68 litros
Barril C	96 litros
Barril D	52 litros

a. Marca la recta numérica para mostrar la capacidad de cada barril. El Barril A ya se resolvió.

b. ¿Cuál barril tiene la mayor capacidad?

c. ¿Cuál barril tiene la menor capacidad?

d. Ben compra un barril al que le caben aproximadamente 70 litros. ¿Cuál es el barril que más probablemente compre? Explica por qué.

e. Usa la recta numérica para encontrar cuántos litros más le caben al Barril C comparado con el Barril B.

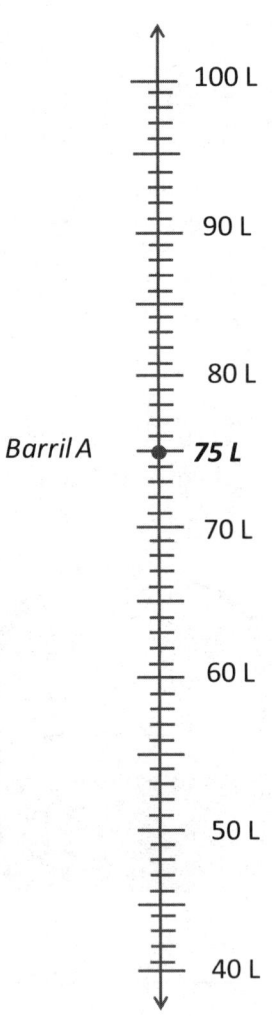

Nombre _____ Fecha _____

1. ¿Cuánto líquido hay en cada contenedor?

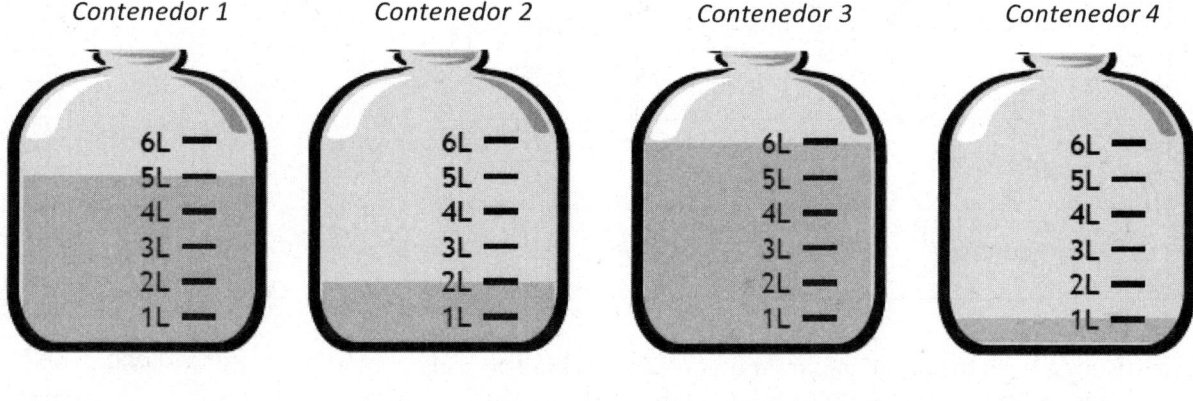

Contenedor 1 Contenedor 2 Contenedor 3 Contenedor 4

_____   _____   _____   _____

2. Jon vierte el contenido del Contenedor 1 y del Contenedor 3 en la cubeta vacía. ¿Cuánto líquido hay en la cubeta después de que él vierte el líquido?

3. Estima la cantidad de líquido en cada contenedor redondeándolo al litro más cercano.

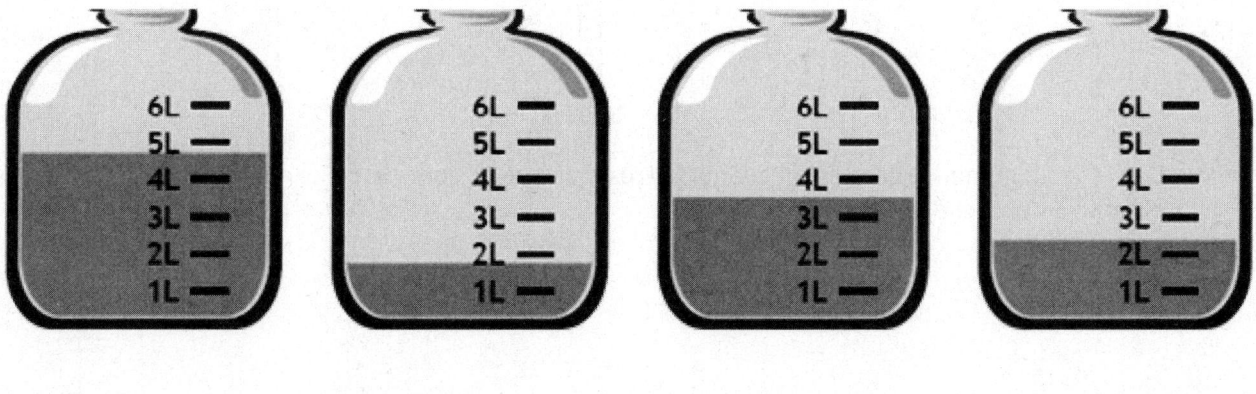

_____   _____   _____   _____

4. Kristen está comparando la capacidad de los tanques de gasolina en coches de diferente tamaño. Usa la siguiente tabla para contestar las preguntas.

Tamaño del carro	Capacidad en litros
Grande	74
Mediano	57
Pequeño	42

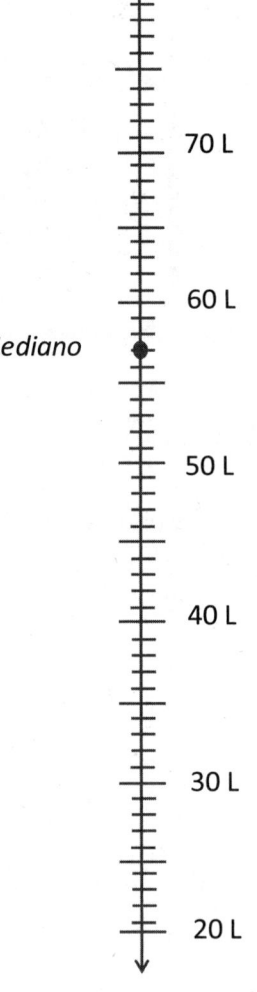

a. Marca la recta numérica para mostrar la capacidad de cada tanque de gasolina. El coche mediano ya se ha resuelto.

b. ¿Cuál tanque de gasolina tiene la mayor capacidad?

c. ¿Cuál tanque de gasolina tiene la menor capacidad?

d. El tanque de gasolina del carro de Kristen tiene una capacidad de aproximadamente 60 litros. ¿Qué coche en la tabla tiene aproximadamente la misma capacidad que el coche de Kristen?

e. Usa la recta numérica para saber cuántos litros más puede contener el tanque del coche grande que el tanque del coche pequeño.

Nombre _____ Fecha _____

1. A la derecha se muestra el peso total en gramos de una lata de tomates y un frasco de alimento para bebé.

   a. El frasco de alimento para bebé pesa 113 gramos. ¿Cuánto pesa la lata de tomates?

   b. ¿Cuánto más pesa la lata de tomates que el frasco de alimento para bebé?

2. A la derecha se muestra el peso en gramos de una pluma.

   a. ¿Cuál es el peso total de 10 plumas?

   b. Una caja vacía pesa 82 gramos. ¿Cuál es el peso total de una caja con 10 plumas?

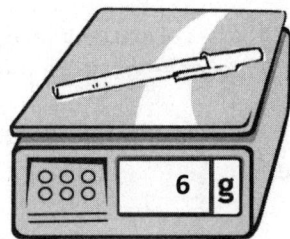

3. A la derecha se muestra el peso total en gramos de una manzana, un limón y un plátano.

   a. Si juntos, la manzana y el limón, pesan 317 gramos, ¿cuánto pesa el plátano?

   b. Si sabemos que el limón pesa 68 gramos menos que el plátano, ¿cuánto pesa el limón?

   c. ¿Cuánto pesa la manzana?

4. Un pavo congelado pesa 5 kilogramos aproximadamente. El chef ordena 45 kilogramos de pavo. Usa un diagrama de cinta para calcular cuántos pavos congelados ordenó.

5. Una receta requiere 300 mililitros de leche. Sara decide triplicar la receta para la cena. ¿Cuántos mililitros de leche necesita para cocinar la cena?

6. Mariana vierte un contenedor lleno de agua equitativamente en cubetas. Cada cubeta tiene una capacidad de 4 litros. Después de llenar 3 cubetas, todavía le quedan 2 litros en el contenedor. ¿Cuál es la capacidad de su contenedor?

Nombre _____ Fecha _____

1. Karina va a caminar. Trae un cuaderno, un lápiz y una cámara. En la tabla se muestra el peso de cada artículo. ¿Cuál es el peso total de los tres artículos?

Artículo	Peso
Cuaderno	312 g
Lápiz	10 g
Cámara	365 g

El peso total es de _____ gramos.

2. Juntos, un caballo y su jinete, pesan 729 kilogramos. El caballo pesa 625 kilogramos. ¿Cuánto pesa el jinete?

El jinete pesa _____ kilogramos.

3. El equipo de fútbol de Teresa llena 6 enfriadores de agua antes del juego. Cada enfriador de agua contiene 9 litros de agua. ¿Cuántos litros de agua llenaron?

4. Dwight compró 48 kilogramos de fertilizante para su jardín de vegetales. Necesita 6 kilogramos de fertilizante para cada cama de vegetales. ¿Cuántas camas de vegetales puede fertilizar?

5. Nancy cocina 7 pasteles para la venta de pasteles de la escuela. Cada pastel requiere 5 mililitros de aceite. ¿Cuántos mililitros de aceite usa?

UNA HISTORIA DE UNIDADES   Lección 12: Grupo de problemas   3•2

Nombre _____ Fecha _____

1. Trabaja con un compañero. Usa una regla o un metro para completar la tabla a continuación.

Objeto	Medición (en cm)	El objeto mide entre (cuáles dos decenas)...	Longitud redondeada a los 10 cm más cercanos
Ejemplo: Mi zapato	23 cm	__20__ y __30__ cm	20 cm
Lado largo de un escritorio		_____ y _____ cm	
Un lápiz nuevo		_____ y _____ cm	
Lado corto de un pedazo de papel		_____ y _____ cm	
Lado largo de un pedazo de papel		_____ y _____ cm	

2. Trabaja con un compañero. Usa una balanza digital para completar la tabla a continuación.

Bolsa	Medición (en g)	La bolsa de arroz pesa entre (cuáles dos decenas)...	Peso redondeado a los 10 g más cercanos
Ejemplo: Bolsa A	8 g	__0__ y __10__ g	10 g
Bolsa B		_____ y _____ g	
Bolsa C		_____ y _____ g	
Bolsa D		_____ y _____ g	
Bolsa E		_____ y _____ g	

Lección 12: Redondear medidas de dos dígitos a la decena más cercana sobre la recta numérica vertical.

UNA HISTORIA DE UNIDADES **Lección 12: Grupo de problemas** 3•2

3. Trabaja con un compañero. Usa un vaso de precipitado para completar la tabla a continuación.

Contenedor	Medición (en ml)	El contenedor mide entre (cuáles dos decenas)...	Volumen de líquido redondeado a los 10 ml más cercanos.
Ejemplo: Contenedor A	33 ml	__30__ y __40__ ml	30 ml
Contenedor B		_____ y _____ ml	
Contenedor C		_____ y _____ ml	
Contenedor D		_____ y _____ ml	
Contenedor E		_____ y _____ ml	

4. Trabaja con un compañero. Usa un reloj para completar la tabla a continuación.

Actividad	Tiempo real	La actividad mide entre (cuáles dos decenas)...	Hora redondeada a los 10 minutos más cercanos
Ejemplo: Hora en que empezamos con matemáticas	10:03	__10:00__ y __10:10__	10:00
Hora en que comencé con el Grupo de problemas		_____ y _____	
Hora en que terminé la estación 1		_____ y _____	
Hora en que terminé la estación 2		_____ y _____	
Hora en que terminé la estación 3		_____ y _____	

Lección 12: Redondear medidas de dos dígitos a la decena más cercana sobre la recta numérica vertical.

UNA HISTORIA DE UNIDADES　　　　　　　　　　　　　　　　　　Lección 12: Tarea　3•2

Nombre _____ Fecha _____

1. Completa la tabla. Elige los objetos y usa una regla o un metro para completar la tabla a continuación.

Objeto	Medición (en cm)	El objeto mide entre (cuáles dos decenas)...	Longitud redondeada a los 10 cm más cercanos
Longitud del escritorio	66 cm	_____ y _____ cm	
Ancho del escritorio	48 cm	_____ y _____ cm	
Ancho de la puerta	81 cm	_____ y _____ cm	
		_____ y _____ cm	
		_____ y _____ cm	

2. La clase de gimnasia termina a las 10:27 a.m. Redondea la hora a los 10 minutos más cercanos.

La clase de gimnasia termina aproximadamente a las _____ a.m.

3. Mide el líquido en el vaso de precipitado hasta los 10 mililitros más cercanos.

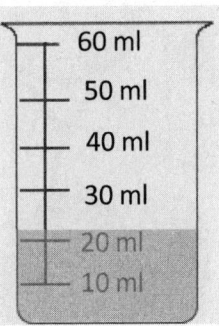

Hay aproximadamente _____ mililitros en el vaso de precipitado.

Lección 12: Redondear medidas de dos dígitos a la decena más cercana sobre la recta numérica vertical.

4. El peso de la Sra. Santos se muestra en la balanza. Redondea el peso a los 10 kilogramos más cercanos.

El peso de la Sra. Santos es de _____ kilogramos.

El peso de la Sra. Santos es aproximadamente de _____ kilogramos.

5. Un guardia del zoológico pesa a un chimpancé. Redondea el peso del chimpancé a los 10 kilogramos más cercanos.

El peso del chimpancé es de _____ kilogramos.

El peso del chimpancé es de aproximadamente _____ kilogramos.

Nombre _____ Fecha _____

1. Redondea a la decena más cercana. Usa la recta numérica para demostrar su razonamiento.

a. 32 ≈ _____

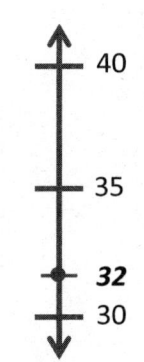

b. 36 ≈ _____

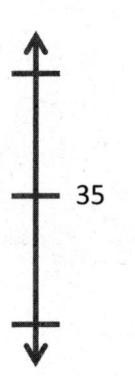

c. 62 ≈ _____

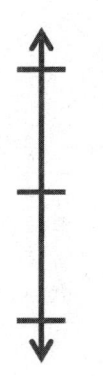

d. 162 ≈ _____

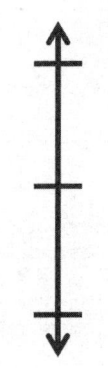

e. 278 ≈ _____

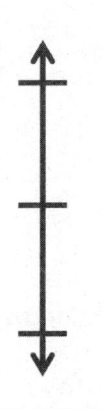

f. 405 ≈ _____

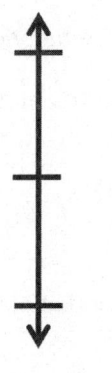

UNA HISTORIA DE UNIDADES

Lección 13: Grupo de problemas 3•2

2. Redondea el peso de cada objeto a los 10 gramos más cercanos. Dibuja rectas numéricas para modelar tu razonamiento.

Artículo	Recta numérica	Redondeen a los 10 gramos más cercanos
36 gramos		
52 gramos		
142 gramos		

3. El juego de baloncesto de Carl comienza a las 3:03 p.m. y finaliza a las 3:51 p.m.

   a. ¿Cuántos minutos duró el juego de baloncesto de Carl?

   b. Redondea el número total de minutos en el juego a los 10 minutos más cercanos.

UNA HISTORIA DE UNIDADES

Lección 13: Tarea

Nombre _____ Fecha _____

1. Redondea a la decena más cercana. Usa la recta numérica para demostrar tu razonamiento.

a. 43 ≈ _____

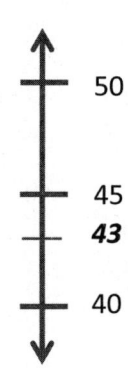
50
45
43
40

b. 48 ≈ _____

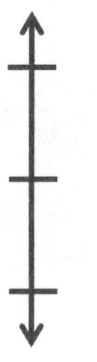

c. 73 ≈ _____

d. 173 ≈ _____

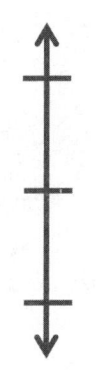

e. 189 ≈ _____

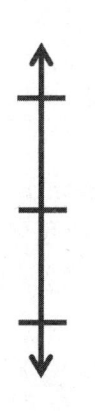

f. 194 ≈ _____

Lección 13: Redondear números de dos y tres dígitos a la decena más cercana sobre la recta numérica vertical.

2. Redondea el peso de cada objeto a los 10 gramos más cercanos. Dibuja rectas numéricas para modelar tu razonamiento.

Artículo	Recta numérica	Redondear a los 10 gramos más cercanos
Barra de cereal: 45 gramos		
Rebanada de pan: 673 gramos		

3. El Garden Club planta filas de zanahorias en el jardín. Un paquete de semillas pesa 28 gramos. Redondea el peso total de 2 paquetes de semillas a los 10 gramos más cercanos. Usa la recta numérica para modelar tu razonamiento.

Lección 13: Redondear números de dos y tres dígitos a la decena más cercana sobre la recta numérica vertical.

Nombre _____ Fecha _____

1. Redondea a la centena más cercana. Usa la recta numérica para demostrar tu razonamiento.

a. 143 ≈ _____

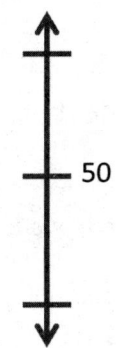

b. 286 ≈ _____

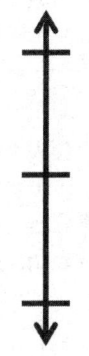

c. 320 ≈ _____

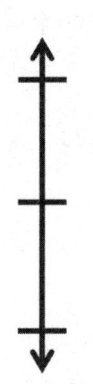

d. 1,320 ≈ _____

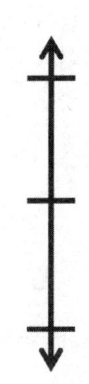

e. 1,572 ≈ _____

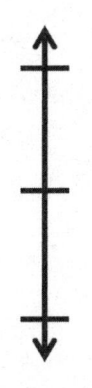

f. 1,250 ≈ _____

2. Completa la tabla.

a. Shauna tiene 480 pegatinas. Redondea el número de pegatinas a la centena más cercana.	
b. Hay 525 páginas en un libro. Redondea el número de páginas a la centena más cercana.	
c. Un recipiente contiene 750 mililitros de agua. Redondea la capacidad a los 100 mililitros más cercanos.	
d. Glen gasta $1,297 en una computadora nueva. Redondea la cantidad que Glen gasta a los $100 más cercanos.	
e. La conducción entre dos ciudades es de 1,842 kilómetros. Redondea la distancia a los 100 kilómetros más cercanos.	

3. Encierra en un círculo los números que se redondean a 600 cuando se redondea a la centena más cercana.

   527   550   639   681   713   603

4. El maestro pide a los estudiantes que redondeen 1,865 a la centena más cercana. Christian dice que es mil novecientos. Alexis no está de acuerdo y dice que es 19 centenas. ¿Quién está en lo correcto? Explica tu razonamiento.

UNA HISTORIA DE UNIDADES

Lección 14: Tarea 3•2

Nombre _____ Fecha _____

1. Redondea a la centena más cercana. Usa la recta numérica para demostrar tu razonamiento.

a. 156 ≈ _____

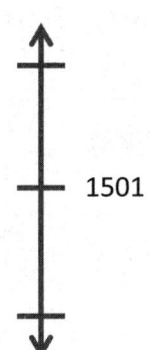 1501

b. 342 ≈ _____

c. 260 ≈ _____

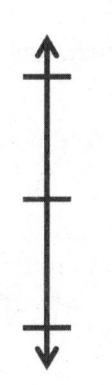

d. 1,260 ≈ _____

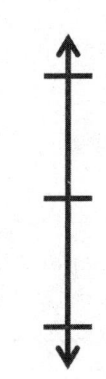

e. 1,685 ≈ _____

f. 1,804 ≈ _____

Lección 14: Redondear a la centena más cercana sobre la recta numérica vertical.

UNA HISTORIA DE UNIDADES   Lección 14: Tarea   3•2

2. Completa la tabla.

a.	Luis tiene 217 tarjetas de béisbol. Redondea el número de tarjetas que Luis tiene a la centena más cercana.	
b.	Había 462 personas sentadas en la audiencia. Redondea el número de personas a la centena más cercana.	
c.	Una botella de jugo contiene 386 mililitros. Redondea la capacidad a los 100 mililitros más cercanos.	
d.	Un libro pesa 727 gramos. Redondea el peso a los 100 gramos más cercanos.	
e.	Los padres de Joanie gastaron $1,260 en dos boletos de avión. Redondea el total a los $100 más cercanos.	

3. Encierra los números que se redondean a 400 cuando se redondea a la centena más cercana.

    368   342   420   492   449   464

4. Hay 1,525 páginas en un libro. Julia y Kim redondean el número de páginas a la centena más cercana. Julia dice que es mil quinientos. Kim dice que es 15 centenas. ¿Quién está en lo correcto? Explica tu razonamiento.

UNA HISTORIA DE UNIDADES   Lección 14: Plantilla   3•2

tabla de valor posicional sin etiquetar

Esta página se dejó en blanco intencionalmente

Nombre _____ Fecha _____

1. Resuelve las siguientes sumas. Elige el cálculo mental o el algoritmo.

   a. 46 ml + 5 ml

   b. 46 ml + 25 ml

   c. 46 ml + 125 ml

   d. 59 cm + 30 cm

   e. 509 cm + 83 cm

   f. 597 cm + 30 cm

   g. 29 g + 63 g

   h. 345 g + 294 g

   i. 480 g + 476 g

   j. 1 l 245 ml + 2 l 412 ml

   k. 2 kg 509 g + 3 kg 367 g

2. Nadine y Jen se compran una pequeña bolsa de palomitas y una de pretzel en el cine. Los pretzels pesan 63 gramos más de lo que pesan las palomitas. ¿Cuánto pesan los pretzels?

¿?

44 gramos

3. En la clase de matemáticas, Jason y Andrea encuentran el volumen total de agua en los vasos de precipitado. Jason dice que el total es 782 mililitros; Andrea dice que son 792 mililitros. En la tabla de la derecha podemos encontrar la cantidad de agua de cada vaso de precipitado. Muestra cuál de los cálculos es el correcto. Explica en qué se equivocó el otro estudiante.

Estudiante	Volumen de líquido
Jason	475 ml
Andrea	317 ml

4. Greg se tarda 15 minutos en podar el césped frontal. Le toma 17 minutos más podar el césped trasero de lo que le toma podar el césped frontal. ¿Cuánto se tarda en total Greg podando ambos céspedes?

Nombre _____ Fecha _____

1. Resuelve las siguientes sumas. Elige el cálculo mental o el algoritmo.

   a. 75 cm + 7 cm

   b. 39 kg + 56 kg

   c. 362 ml + 229 ml

   d. 283 g + 92 g

   e. 451 ml + 339 ml

   f. 149 l + 331 l

2. Debajo se muestra el volumen de líquido de 5 bebidas.

Bebida	Volumen de líquido
Jugo de manzana	125 ml
Leche	236 ml
Agua	248 ml
Naranja	174 ml
Ponche de frutas	208 ml

   a. Jen se toma el jugo de manzana y el agua. ¿Cuántos mililitros bebe en total?

   Jen bebe _____ ml.

   b. Kevin se toma la leche y el ponche de frutas. ¿Cuántos mililitros bebe en total?

Lección 15: Sumar medidas usando el algoritmo estándar para formar unidades más grandes una vez

3. En 3.ᵉʳ grado hay 75 estudiantes. En 4.º grado hay 44 estudiantes más que los que hay en 3.ᵉʳ grado. ¿Cuántos estudiantes hay en 4.º grado?

4. El girasol de Sr. Green creció 29 centímetros en una semana. La siguiente semana creció 5 centímetros más que lo que había crecido la semana anterior. ¿Cuánto creció en total el girasol en esas dos semanas?

5. Kylie anota el peso de 3 objetos tal y como se muestra a continuación. ¿Cuáles son esos 2 objetos que puede poner en la balanza para que iguale el peso de una bolsa de 460 g? Explica cómo lo sabes.

Libro de bolsillo	Banana	Barra de jabón.
343 gramos	108 gramos	117 gramos

Nombre _____ Fecha _____

1. Encuentra las sumas de abajo.

   a. 52 ml + 68 ml

   b. 352 ml + 68 ml

   c. 352 ml + 468 ml

   d. 56 cm + 94 cm

   e. 506 cm + 94 cm

   f. 506 cm + 394 cm

   g. 697 g + 138 g

   h. 345 g + 597 g

   i. 486 g + 497 g

   j. 3 l 251 ml + 1 l 549 ml

   k. 4 kg 384 g + 2 kg 467 g

2. Lane prepara sauerkraut. Pesa las cantidades de col y sal que usa. Dibuja e identifica un diagrama de cinta para encontrar el peso total de col y sal que Lane usa.

 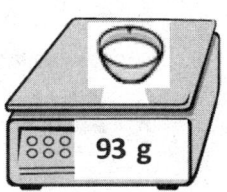

3. Sue hornea mini-muffins para la venta de pasteles de la escuela. Después de envolver 86 muffins, aún tiene 58 muffins enfriándose sobre la mesa. ¿Cuántos muffins horneó en total?

4. El envase de leche a la derecha contiene 183 mililitros más de líquido que la caja de jugo. ¿Cuál es la capacidad total de la caja de jugo y el envase de leche?

Caja de jugo
279 ml

Envase de leche
? ml

Nombre _____ Fecha _____

1. Encuentra las sumas de abajo.

   a. 47 m + 8 m

   b. 47 m + 38 m

   c. 147 m + 383 m

   d. 63 ml + 9 ml

   e. 463 ml + 79 ml

   f. 463 ml + 179 ml

   g. 368 kg + 263 kg

   h. 508 kg + 293 kg

   i. 103 kg + 799 kg

   j. 4 l 342 ml + 2 l 214 ml

   k. 3 kg 296 g + 5 kg 326 g

2. La Sra. Haley asa un pavo durante 55 minutos. Lo revisa y decide asarlo durante 46 minutos adicionales. Usa un diagrama de cinta para encontrar los minutos totales que la Sra. Haley asa el pavo.

3. Un caballo miniatura pesa 268 kilogramos menos que un pony Shetland. Usa la tabla para encontrar el peso de un pony Shetland.

Tipos de caballos	Peso en kg
Pony Shetland	_____ kg
Saddlebred americano	478 kg
Caballo Clydesdale	_____ kg
Cabello miniatura	56 kg

4. Un caballo Clydesdale pesa tanto como un pony Shetland y un caballo Saddlebred americano juntos. ¿Cuánto pesa un caballo Clydesdale?

UNA HISTORIA DE UNIDADES   Lección 17: Grupo de problemas   3•2

Nombre _____ Fecha _____

1. a. Encuentra la suma real, ya sea en papel o con cálculo mental. Redondea cada sumando a la centena más cercana y encuentra las sumas estimadas.

A

451 + 253 = _____
____ + ____ = _____

451 + 249 = _____
____ + ____ = _____

448 + 249 = _____
____ + ____ = _____

Encierra en un círculo la suma estimada que sea la más

B

356 + 161 = _____
____ + ____ = _____

356 + 148 = _____
____ + ____ = _____

347 + 149 = _____
____ + ____ = _____

Encierra en un círculo la suma estimada que sea la más

C

652 + 158 = _____
____ + ____ = _____

647 + 158 = _____
____ + ____ = _____

647 + 146 = _____
____ + ____ = _____

Encierra en un círculo la suma estimada que sea la más

b. Observa las sumas que dieron las estimaciones más precisas. Explica abajo lo que tienen en común. Puedes usar una recta numérica para respaldar tu respuesta.

Lección 17: Estimar las sumas por redondeo y aplicarlas para resolver problemas escritos con medidas.

2. Janet vio una película de 94 minutos de duración en la noche del viernes. Vio una película de 151 minutos de duración en la noche del sábado.

   a. Decide cómo redondear los minutos. Después, calcula el total de minutos que Janet vio películas el viernes y el sábado.

   b. ¿Cuánto tiempo pasó realmente viendo películas Janet?

   c. Explica si tu suma está cerca de la suma real o no. Redondea de una manera diferente y ve cuál está cálculo está más cerca.

3. Sadie, un oso en el zoológico, pesa 182 kilogramos. Su cachorro pesa 74 kilogramos.

   a. Estima el peso total de Sadie y su cachorro utilizando cualquier método que mejor te parezca.

   b. ¿Cuál es el peso real de Sadie y su cachorro? Representa el problema con un diagrama de cinta.

UNA HISTORIA DE UNIDADES

Lección 17: Tarea

Nombre _____ Fecha _____

1. Cathy recolectó la siguiente información sobre sus perros, Stella y Oliver.

Stella	
Tiempo bañándose	Peso
36 minutos	32 kg

Oliver	
Tiempo bañándose	Peso
25 minutos	7 kg

Usa la información de las tablas para contestar las siguientes preguntas.

a. Estima el peso total de Stella y Oliver.

b. ¿Cuál es el peso total real de Stella y Oliver?

c. Estima la cantidad total de tiempo que Cathy pasa bañando a los perros.

d. ¿Cuál es la cantidad total de tiempo real que Cathy pasa bañando a los perros?

e. Explica cómo estimar te ayuda a comprobar si tu respuesta es lógica.

Lección 17: Estimar las sumas por redondeo y aplicarlas para resolver problemas escritos con medidas.

2. Dena lee 361 minutos durante la Semana 1 del Read-A-Thon de dos semanas de su escuela. Ella lee 212 minutos durante la Semana 2 en el Read-A-Thon.

   a. Estima la cantidad total de tiempo que Dena lee durante el Read-A-Thon por redondeo.

   b. Estima la cantidad total de tiempo que Dena lee durante el Read-A-Thon mediante el redondeo de una manera diferente.

   c. Calcula el número real de minutos que Dena lee durante el Read-A-Thon. ¿Qué método de redondeo fue más preciso? ¿Por qué?

Nombre _____ Fecha _____

1. Resuelve los siguientes problemas de resta.

   a. 60 ml – 24 ml

   b. 360 ml – 24 ml

   c. 360 ml – 224 ml

   d. 518 cm – 21 cm

   e. 629 cm – 268 cm

   f. 938 cm – 440 cm

   g. 307 g – 130 g

   h. 307 g – 234 g

   i. 807 g – 732 g

   j. 2 km 770 m – 1 km 455 m

   k. 3 kg 924 g – 1 kg 893 g

2. El peso total de 3 libros se muestra a la derecha. Si 2 libros pesan 233 gramos, ¿cuánto pesa el tercer libro? Usa un diagrama de cinta para representar el problema.

3. La tabla de la derecha muestra la duración de las tres películas.

    a. La película *Campeones* es 22 minutos más corta que *El barco perdido*. ¿Qué duración tiene *Campeones*?

El Barco perdido	117 minutos
Bosques mágicos	145 minutos
Campeones	? minutos

   b. ¿Cuánto más dura *Bosques Mágicos* que *Campeones*?

4. La longitud total de una cuerda es de 208 centímetros. Scott la corta en 3 piezas. La primera pieza tiene 80 centímetros de longitud. La segunda pieza tiene 94 centímetros de longitud. ¿Qué longitud tiene la tercera pieza de la cuerda?

Nombre _____ Fecha _____

1. Resuelve los siguientes problemas de resta.

   a. 70 L – 46 L

   b. 370 L – 46 L

   c. 370 L – 146 L

   d. 607 cm – 32 cm

   e. 592 cm – 258 cm

   f. 918 cm – 553 cm

   g. 763 g – 82 g

   h. 803 g – 542 g

   i. 572 km – 266 km

   j. 837 km – 645 km

2. La revista pesa 280 gramos menos que el periódico. El peso del periódico se muestra más abajo. ¿Cuánto pesa la revista? Usa un diagrama de cinta para representar tu razonamiento.

454 g

3. La tabla a la derecha muestra cuánto tarda jugar 3 juegos.

   a. El juego de baloncesto de Francesca es 22 minutos más corto que el juego de béisbol de Lucas. ¿Cuánto dura el juego de baloncesto de Francesca?

Lucas Juego de béisbol	180 minutos
Joey Juego de fútbol	139 minutos
Francesca Juego de baloncesto	? minutos

   b. ¿Cuánto más dura el juego de baloncesto de Francesca que el juego de fútbol de Joey?

Nombre _____ Fecha _____

1. Resuelve los siguientes problemas de resta.

   a. 340 cm – 60 cm

   b. 340 cm – 260 cm

   c. 513 g – 148 g

   d. 641 g + 387 g

   b. 700 mL – 52 mL

   f. 700 mL + 452 mL

   j. 6 km 802 m – 2 km 569 m

   j. 5 L 920 mL + 3 L 869 mL

2. David conduce desde Los Ángeles hasta San Francisco. La distancia total es de 617 kilómetros. Le quedan 468 kilómetros por conducir. ¿Cuántos kilómetros ha conducido hasta ahora?

3. El piano pesa 289 kilogramos más que la banca del piano. ¿Cuánto pesa la banca?

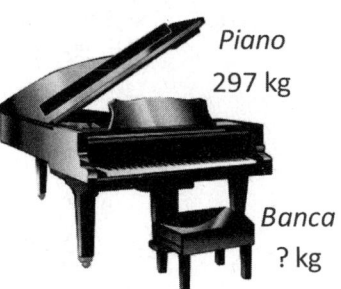

4. El Tanque A tiene capacidad para 165 galones de agua menos que el Tanque B. Al Tanque B le caben 400 litros de agua. ¿Cuánta agua le cabe al Tanque A?

Nombre _____ Fecha _____

1. Resuelve los siguientes problemas de resta.

   a. 280 g − 90 g

   b. 450 g − 284 g

   c. 423 cm − 136 cm

   d. 567 cm − 246 cm

   e. 900 g − 58 g

   f. 900 g − 358 g

   g. 4 L 710 ml − 2 L 690 ml

   h. 8 L 830 ml − 4 L 378 ml

2. El peso total una jirafa y su cría es de 904 kilogramos. ¿Cuánto pesa la cría? Usa un diagrama de cinta para representar tu análisis.

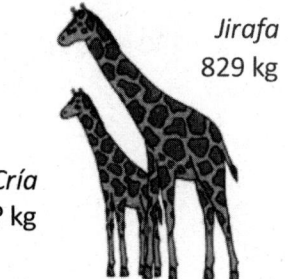

3. El canal de Erie recorre 584 kilómetros de Albany a Búfalo. Salvador viaja por el canal desde Albany. Él debe viajar 396 kilómetros más antes de llegar a Búfalo. ¿Cuántos kilómetros ha recorrido hasta ahora?

4. El Sr. Nguyen llena dos piscinas inflables. La piscina para niños tiene capacidad para 185 litros de agua. La piscina más grande tiene capacidad para 600 litros de agua. ¿Para cuánta más agua tiene capacidad la piscina más grande que la piscina para niños?

UNA HISTORIA DE UNIDADES

Lección 20: Grupo de problemas 3•2

Nombre _____ Fecha _____

1. a. Encuentra las diferencias reales, ya sea en papel o calculando mentalmente. Redondea cada total y la parte de la centena más cercana y encuentra las diferencias estimadas.

A

448 – 153 = _____
____ – ____ = _____

451 – 153 = _____
____ – ____ = _____

448 – 149 = _____
____ – ____ = _____

451 – 149 = _____
____ – ____ = _____

Encierra en un círculo las diferencias estimadas que son las más cercanas a las diferencias reales.

B

747 – 261 = _____
____ – ____ = _____

756 – 261 = _____
____ – ____ = _____

747 – 249 = _____
____ – ____ = _____

756 – 248 = _____
____ – ____ = _____

Encierra en un círculo las diferencias estimadas que son las más cercanas a las diferencias reales.

b. Observa las diferencias que dieron las estimaciones más precisas. Explica abajo lo que tienen en común. Puedes usar una recta numérica para respaldar tu respuesta.

Lección 20: Estimar las diferencias por redondeo y aplicarlas para resolver problemas escritos con medidas.

2. Camden utiliza un total de 372 litros de gas en dos meses. Él utilizo 184 litros de gas en el primer mes. ¿Cuántos litros de gas utilizó en el segundo mes?

   a. Estima la cantidad de gas que Camden utilizó en el segundo mes redondeando cada número como crees que sea mejor.

   b. ¿Cuántos litros de gas utilizó Camden realmente en el segundo mes? Representa el problema con un diagrama de cinta.

3. El peso de una pera, manzana y melocotón se muestran a la derecha. La pera y la manzana juntas pesan 372 gramos. ¿Cuánto pesa el melocotón?

   a. Estima el peso del melocotón redondeando los números como crees que sea mejor. Explica tu elección.

   b. ¿Cuánto pesa el melocotón en realidad? Representa el problema con un diagrama de cinta.

Nombre _____ Fecha _____

Estima y después resuelve cada problema.

1. Melissa y su madre van en un viaje por carretera. Conducen 87 kilómetros antes de almorzar. Conducen 59 kilómetros después de almorzar.

    a. Estima cuántos kilómetros más condujeron antes de almorzar en comparación con los que condujeron después de almorzar redondeando a los 10 kilómetros más cercanos.

    b. ¿Exactamente cuánto más lejos condujeron antes de almorzar en comparación con después de almorzar?

    c. Compara tu estimación de (a) con tu respuesta de (b). ¿Es una respuesta lógica? Escribe una oración para explicar tu forma de pensar.

2. Amy mide el listón. Ella mide un total de 393 centímetros de listón y lo corta en dos piezas. La primera pieza es de 184 centímetros de largo. ¿Qué longitud tiene la segunda pieza del listón?

    a. Estima la longitud de la segunda pieza de listón mediante el redondeo de dos maneras diferentes.

    b. ¿Exactamente qué longitud tiene la segunda pieza de listón? Explica por qué una estimación estaba más cerca.

3. El peso de una pierna de pollo, carne y jamón se muestra a la derecha. El pollo y la carne juntos pesan 341 gramos. ¿Cuánto pesa el jamón?

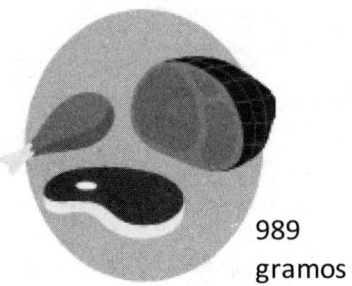

989 gramos

   a. Estima el peso del jamón por redondeo.

   b. ¿Cuánto pesa el jamón en realidad?

4. Kate utiliza 506 litros de agua cada semana para regar las plantas. Ella utiliza 252 litros para regar las plantas en el invernadero. ¿Cuánta agua utiliza para las otras plantas?

   a. Estima cuánta agua utiliza Kate para las otras plantas mediante redondeo.

   b. Estimar cuánta agua utiliza Kate para las otras plantas mediante redondeo de una manera diferente.

   c. ¿Cuánta agua utiliza Kate para las otras plantas? ¿Cuál fue la estimación más cercana? Explica por qué.

Nombre _____   Fecha _____

1. Pesa las bolsas de frijoles y arroz en la balanza. Luego, escribe el peso que aparece en las balanzas.

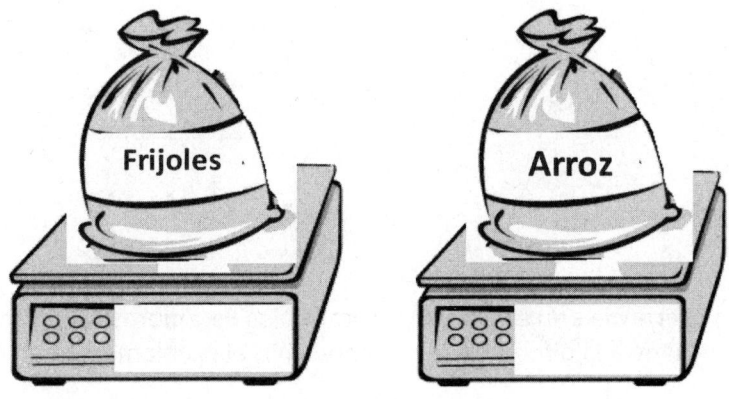

a. Estima y luego encuentra el peso total de los frijoles y el arroz.

Estimado: _____ + _____ ≈ _____ + _____ = _____

Real: _____ + _____ = _____

b. Estima y luego encuentra la diferencia entre el peso de los frijoles y el arroz.

Estimado: _____ − _____ ≈ _____ − _____ = _____

Real: _____ − _____ = _____

c. ¿Son razonables tus respuestas? Explica por qué.

2. Mide las longitudes de las tres piezas de estambre.

    a. Calcula la longitud total del Estambre A y el Estambre C. Luego, encuentra la longitud total real.

Estambre A	_____ cm ≈ _____ cm
Estambre B	_____ cm ≈ _____ cm
Estambre C	_____ cm ≈ _____ cm

    b. Resta para calcular la diferencia entre la longitud total de los Estambres A y C y la longitud del Estambre B. Luego, encuentra la diferencia real. Representa el problema con un diagrama de cinta.

3. Traza en una gráfica la cantidad de líquido en los tres contenedores en las siguientes rectas numéricas. Luego, redondea hasta los 10 mililitros más cercanos.

Contenedor D

Contenedor E

Contenedor F

Lección 21: Estimar sumas y restas de medidas por redondeo y después resolver problemas escritos mixtos.

a. Calcula la cantidad total de líquido en los tres contenedores. Luego, encuentra la cantidad real.

b. Calcula y encuentra la diferencia entre la cantidad de agua en los Contenedores D y E. Luego, encuentra la diferencia real. Representa el problema con un diagrama de cinta.

4. Shane ve una película en el cine que dura 115 minutos incluyendo los tráileres. La tabla de la derecha muestra la duración total en minutos de cada tráiler.

    a. Encuentra el número total de minutos para los 5 tráileres.

Tráiler	Duración en minutos
1	5 minutos
2	4 minutos
3	3 minutos
4	5 minutos
5	4 minutos
Total	

    b. Encuentra la duración de la película sin tráileres. Luego, encuentra la duración real de la película calculando la diferencia entre 115 minutos y los minutos totales de los tráileres.

    c. ¿Es una respuesta lógica? Explica por qué.

Esta página se dejó en blanco intencionalmente

Nombre _____ Fecha _____

1. Hay 153 mililitros de jugo en 1 cartón. Una caja con tres paquetes de jugo contiene un total de 459 mililitros.

    a. Estima y luego encuentra la cantidad total de jugo en 1 cartón y en una caja de tres paquetes de jugo.

    153 ml + 459 ml ≈ _____ + _____ = _____

    153 ml + 459 ml = _____

    b. Estima y luego encuentra la diferencia real entre la cantidad en 1 cartón y en una caja de tres paquetes de jugo.

    459 ml − 153 ml ≈ _____ − _____ = _____

    459 ml − 153 ml = _____

    c. ¿Son lógicas tus respuestas? ¿Por qué?

2. El Sr. Williams posee una estación de gasolina. Él vende 367 litros de gasolina en la mañana, 300 litros de gasolina en la tarde y 219 litros de gasolina en la noche.

    a. Estima y luego encuentra la cantidad total real de gasolina que él vende en un día.

    b. Estima y luego encuentra la diferencia real entre la cantidad de gasolina que el Sr. Williams vende en la mañana y la cantidad que vende en la noche.

Lección 21: Estimar sumas y restas de medidas por redondeo y después resolver problemas escritos mixtos.

3. El Equipo Azul corre un relevo. La tabla muestra el tiempo, en minutos, que cada miembro del equipo emplea corriendo.

Equipo Azul	Tiempo en minutos
Jen	5 minutos
Kristin	7 minutos
Lester	6 minutos
Evy	8 minutos
Total	

   a. ¿Cuántos minutos le toma al Equipo Azul correr el relevo?

   b. El Equipo Rojo emplea 37 minutos corriendo el relevo. Estima y luego encuentra la diferencia real en tiempo entre los dos equipos.

4. A la derecha se muestran las longitudes de los tres estandartes.

Estandarte A	437 cm
Estandarte B	457 cm
Estandarte C	332 cm

   a. Estima y luego encuentra la longitud total real del Estandarte A y el Estandarte C.

   b. Estima y luego encuentra la diferencia real en longitud entre el Estandarte B y la longitud combinada del Estandarte A y el Estandarte C. Modela el problema con un diagrama de cinta.